MANUEL

DE

L'AGRICULTEUR,

OU

LEÇONS D'AGRICULTURE,

OUVRAGE INDISPENSABLE A TOUT PROPRIÉTAIRE JALOUX
D'OBTENIR DE BELLES ET D'ABONDANTES RÉCOLTES,

Divisé en 12 Chapitres,

Par M. François ROLLAND, propriétaire,
Domicilié à Pexiora, arrondissement de Castelnaudary,
(Aude.)

TOULOUSE,

IMPRIMERIE DE J.-M. CORNE,
RUE PARGAMINIÈRES, N° 84.

1834.

MANUEL

DE

L'AGRICULTEUR.

MANUEL

DE

L'AGRICULTEUR,

OU

LEÇONS D'AGRICULTURE,

OUVRAGE INDISPENSABLE A TOUT PROPRIÉTAIRE JALOUX
D'OBTENIR DE BELLES ET D'ABONDANTES RÉCOLTES,

Divisé en 12 Chapitres;

PAR M. François ROLLAND, PROPRIÉTAIRE,
Domicilié à Pexiora, arrondissement de Castelnaudary,
(Aude.)

TOULOUSE,

IMPRIMERIE DE J.-M. CORNE,
RUE PARGAMINIÈRES, N.º 84.

1834.

AVANT-PROPOS.

On a vu, jusqu'à ce jour, un grand nombre d'ouvrages d'agriculture, traiter de cette science avec des lumières toujours nouvelles et toujours croissantes; mais presque tous les auteurs ont disserté trop en grand, pour que tous les propriétaires fussent à même d'apprécier et de goûter leurs bons principes; il n'y a que les grands et riches agriculteurs qui aient pu en profiter; car ceux-là ont reçu d'ordinaire une éducation soignée, et il leur a été facile de comprendre et de juger le mérite de ces divers écrits. Ce n'est donc pas pour eux, qui en savent beaucoup plus que nous, que cet ouvrage a été fait; nous avons eu principalement en vue les veuves, les jeunes gens sans expérience, et les petits propriétaires, que leur position n'a pas permis de recevoir d'instruction; ceux-là y trouveront peut-être quelques éclaircissemens utiles. Pour les gros propriétaires, nous serions fort heureux de pouvoir leur rappeler ce qui a pu échapper à leur mémoire. Ce n'est pas que nous prétendions n'avoir rien oublié, car nous sommes pleinement convaincus qu'il y a encore beaucoup à dire; mais nous avons l'espoir que le peu de lumières que nous mettons à jour, seront utiles à nos concitoyens. C'est la seule et unique récompense que nous ambitionnons.

Ce petit ouvrage sera divisé en douze chapitres; chaque chapitre contiendra les opérations agricoles qui ont ordinairement lieu dans l'espace d'un mois. Le premier chapitre correspondra au mois de Novembre ; le deuxième, à celui de Décembre, ainsi de suite de mois en mois. On a commencé l'ouvrage par le mois de Novembre, de préférence au mois de Janvier, parce que celui-là est ordinairement le mois où l'on commence à jouir d'une propriété.

A la fin du dernier chapitre, il y aura encore quelques remarques générales sur l'agriculture. On indiquera la manière de placer les étables, le nombre et l'espèce de bétail qu'on doit principalement tenir. On donnera encore quelques éclaircissemens sur le choix des bœufs et des chevaux ; enfin, on démontrera la nécessité de faire beaucoup de fumier, et les moyens pour y parvenir.

La fin de l'ouvrage sera terminée par quelques réflexions de l'auteur, sur les mauvais procédés de quelques propriétaires envers leurs ouvriers.

MANUEL

DE L'AGRICULTEUR,

ou

LEÇONS D'AGRICULTURE.

CHAPITRE PREMIER.

(Novembre.)

LE mois de Novembre, ainsi qu'une partie
du mois d'Octobre, étant ordinairement
l'époque où, dans ce pays-ci, on sème le
blé, seigle, avoine, fèves, lin, sainfoin,
vesce noire, etc., nous commencerons à
parler de la semence du blé, et d'abord
nous dirons qu'il a été reconnu, par la
grande majorité des propriétaires, que le
blé rouge, dit Roussillon, est préférable,
sous tous les rapports, à toute autre espèce,
en ce que ce blé résiste aux rigueurs de
l'hiver, se conserve étant versé, pèse autant
et plus que tout autre, fait et donne de
bon pain, et se vend presque toujours un

bon prix. Cependant il est bon d'observer que cette qualité de blé, semé sur un terrain léger, donne peu; il en est de même lorsqu'il est jeté sur une terre bonne, mais qui serait épuisée; c'est au propriétaire à connaître non-seulement la qualité de ses terres, mais encore à se bien rappeler celles qui ont été surchargées; et s'il est forcé de semer, soit sur un terrain pauvre de sa nature, soit sur un terrain appauvri par trop de récoltes qu'il lui aurait fait porter, il doit y jeter de gros blé; cette qualité, quoique très-inférieure au blé de Roussillon, surtout pour le prix, le dédommagera par sa plus grande production, soit en grain, soit en paille; mais il faut faire en sorte que ce blé vienne d'un pays plus froid, et d'un terrain plus pauvre que celui qu'on habite. Le gros blé, pris aux environs de Quillan, et semé dans ce pays-ci (Aude) fait merveille. On peut encore s'en procurer ailleurs; mais ce n'est que par des expériences, en petit, qu'on peut s'assurer de la qualité qui produit le plus.

Nous connaissons un grand nombre de propriétaires qui, pendant plusieurs années consécutives, sèment toujours de leur

propre blé ; d'autres qui changent de temps
en temps leur semence, en achetant dans
le pays du blé qui, le plus souvent, ne vaut
pas le leur ; d'autres enfin qui ont recours
à des propriétaires renommés, pour avoir
tous les ans de très-beau blé de semence.
Nous osons avancer que presque tous ces
propriétaires se trompent, 1.º parce que le
même blé, semé pendant long-temps dans
le même pays et sur la même terre, dégénère à tel point, qu'il porte un préjudice
incalculable ; 2.º parce que le blé d'autrui
que l'on croit très-supérieur au sien, est le
plus souvent très-inférieur ; 3.º parce qu'enfin le blé de semence que vous achetez à
des propriétaires renommés, a souvent vieilli
dans le pays, tandis qu'on le croit de la
première ou seconde année. Que faut-il donc
faire pour se procurer un bon blé de semence ? Le voici : — Il faut se transporter
dans le Roussillon, (par exemple, à la
Salanque, car c'est l'endroit qu'il faut choisir
de préférence), et là vous choisissez le blé
qui vous est nécessaire, en observant, néanmoins, qu'il faut s'adresser aux grands propriétaires ; car dans ce pays, comme dans
beaucoup d'autres, il n'y manque pas de

marchands de blé qui vendent de la drogue
pour du blé pur du pays, c'est-à-dire, qu'ils
font un mélange avec le blé de nos contrées,
et font, par ce trafic, un bénéfice immense;
mais il est facile de connaître leur fraude,
en ce que le blé de Roussillon pur est
ordinairement plus terne et plus blanchâtre
que celui que nous récoltons ici; il est
encore plus rude à la main : ainsi, si vous
voyez une qualité de blé de semence, dont
une partie sera plus rouge que l'autre, ou
est presque sûr que c'est un mélange; mais
ces drogueurs font en sorte d'acheter du blé
terne, pour masquer, autant qu'ils peuvent,
leur supercherie, et, dans ce cas, on risque
fort de se tromper. Mais, dira-t-on, pour
si peu de blé de semence qu'il faut, est-il
nécessaire de se transporter en personne à
Perpignan? Les frais de voyage, joints à
ceux de transport, absorberaient tout, sans
doute, si on ne sait ou on ne veut s'arranger;
mais si, au contraire, les petits propriétaires s'associaient ensemble par dix, quinze,
vingt, ils pourraient envoyer une, deux,
trois charrettes à la fois, et s'en sortiraient
à bien meilleur compte; mais certains d'entr'eux trouvent plus commode de le faire

partir par un roulier de confiance ; aussi le plus souvent ils sèment du blé de Carcassonne, Narbonne et autres endroits, pour du blé pur de Roussillon. Ils disent après, que ce blé n'a pas bien fait ; nous disons, au contraire, que ce sont eux-mêmes qui ont fait très-mal. Plusieurs autres gros propriétaires se servaient aussi, il y a peu de temps, des rouliers du pays, et ils leur accordaient aussi leur entière confiance ; s'étant aperçus que le blé qu'ils achetaient à ces gens-là donnait peu, et qu'ils le payaient trop, ils se sont ravisés, et depuis, la plupart d'entr'eux vont eux-mêmes l'acheter dans le pays, ou bien ils se sont procuré des connaissances, disent-ils, très-sûres. Soit ; mais nous tenons de préférence aux démarches des premiers ; ceux-là voient et touchent sur les lieux.

Qu'on ne se figure pas qu'il faille acheter chaque année tout le blé de semence nécessaire à l'entière propriété que l'on possède ; moyennant qu'on achète tous les ans un hectolitre par paire de labourage (14 hectares), c'est assez ; car le blé de Roussillon fait très-bien dans notre pays pendant les trois premières années ; mais si ensuite on veut en semer quelques années de plus, on s'aperçoit que, peu à peu, il dégénère et donne peu de produit. Le blé de semence, quel qu'il soit, doit être d'abord trié à la main, chaulé ou vitriolé, et semé sur un bon terrain bien préparé.

La plus grande partie des propriétaires, non-seulement ne s'occupent point de trier leurs blés de semence, mais encore ils ne les chaulent ou ne les vitriolent point; c'est une négligence qui n'est pas pardonnable. Nous appelons ceci négligence, car les frais de ces deux opérations coûtent sont si peu de chose, que nous n'en parlerons même pas. Qu'on ne vienne donc pas dire que c'est à cause des frais qu'elles occasionnent qu'on y renonce; nous répondrions que c'est plutôt la paresse et la nonchalance qui en sont la principale cause : aussi, combien de charbon et de grains de toute espèce parmi les blés! quelles pertes immenses! Pour donner un aperçu du préjudice qu'on se porte soi-même, nous allons supposer un hectolitre de blé jeté sur un bon terrain bien préparé : nous pensons qu'il peut donner, terme moyen, douze hectolitres; mais ce blé n'ayant été ni trié ni chaulé, se trouve, au moment de le faucher, rempli de charbon et de graines. On juge qu'il y a pour le moins un tiers de charbon; eh bien! si nous fixons le blé à 20 fr. l'hectolitre, voilà d'abord 80 fr. de perte, et 3 fr. par sac pour les huit hectolitres; voilà encore 24 fr., qui, ajoutés à 80 fr., font une somme de 104 fr.; en sorte que le propriétaire d'une métairie de quatre paires de labourage, où il peut aisément récolter annuellement 300 hecto- litres de blé, ferait une perte de 2,600 fr. Mais il y aura encore des incrédules qui sou- tiendront que telle ou telle année porte avec elle le charbon; on dira encore que certaines terres augmentent ce mauvais grain, et qu'en fait de graines, on a vu récolter de très-beau blé, sans charge aucune, provenant de purges (*) qu'on avait semées. Si nous n'avions l'expé- rience pour appui, on pourrait nous persua- der le contraire : nous pouvons cependant nous tromper, mais nous dirons que la prin- cipale cause du charbon provient, en grande partie, de ce que le blé n'a pas été chaulé ou vitriolé, et qu'il a trop long-temps vieilli

---

(*) Le blé qui tombe sous le crible; il a ordinairement beaucoup de graines.

dans le pays ; et si, malgré le chaulage, on en voit encore quelques épis, c'est que la semence a besoin d'être renouvelée. Voilà pour le premier point ; et pour le second, nous dirons encore à ceux qui prétendent et soutiennent que les purges portent de beau blé, qu'ils fassent l'essai de les semer sur une terre de labeur à blé, qu'on ne les sème pas plus épaisses qu'à l'ordinaire, et on verra si le blé qui aura été semé à côté ne sera pas plus beau et plus net. Mais, dira-t-on encore, d'où vient qu'on voit quelquefois de si beau blé sur un ferratjal (*) ? Rien n'est plus facile à comprendre : la semence que l'on jette sur un ferratjal, pour avoir du fourrage, est dix, quinze fois plus forte qu'il ne faut ; car sur un petit lopin de terre où on ne semerait, si on voulait y faire du blé, qu'un décalitre, on y jettera quelquefois douze, quinze décalitres de purges ; comment voulez-vous, après une telle épaisseur, que les mauvaises graines puissent pousser lorsqu'elles ne germent que bien long-temps après, et que le blé se trouve souvent d'un pied de hauteur ? Impossible ! elles

---

(*) Bon morceau de terre près la bâtisse de la métairie.

ne naissent pas, ou si elles naissent, elles
sont étouffées.

Nous pensons en avoir assez dit sur le
choix et la préparation des semences du blé;
il est temps de faire connaître la manière de
le bien semer. Nous dirons d'abord, autant
que faire se peut, que les terres doivent avoir
reçu quatre façons, et qu'elles doivent être
bien applanies avant d'y jeter la semence;
car il arrive souvent que le blé jeté sur
un terrain rempli de mottes, et conséquemment très-raboteux, est ordinairement amon-
celé, et quoiqu'on dise que la charrue
éparpille la semence, on s'apercevra facilement que nous sommes fondés. Au reste,
c'est une petite expérience très-facile à faire;
on n'a qu'à applanir une partie du terrain
attenant le raboteux, et lorsque le blé sera
né, on pourra facilement juger si ce que
nous avançons est vrai.

Certains propriétaires ont adopté pour les
travaux des semailles, la nouvelle charrue à
plusieurs petits socs recourbés; ils prétendent
qu'avec cet instrument, ils avancent beaucoup la besogne. Nous le croyons; mais cette
charrue peut-elle fonctionner lorsque les
terres sont fort humides? Nous ne le pen-

sons pas , car alors les bœufs en ont autant
qu'ils peuvent faire pour traîner l'ancienne,
quoique très-simple. Mais qui vous force ,
dira-t-on , de semer avec l'umidité ? Le
temps s'enfuit , et nous ne le rattrape-
rons plus. En effet, n'arrive-t-il pas souvent
des années où les pluies continuelles empêchent votre grande machine de sortir de votre
écurie ? Que ferez-vous alors ? ne semerez-
vous pas vos terres , parce que votre instrument de prédilection ne peut pas fonctionner, ou bien attendrez-vous jusqu'au
mois de Mars pour jeter vos semences ? Non,
vous ne ferez ni l'un ni l'autre ; vous repren-
drez votre ancienne charrue , et bien content
que vous serez de l'avoir conservée. Nous
convenons cependant avec ces propriétaires
novateurs, qu'à l'aide de cette machine trian-
gulaire, on fait beaucoup plus de travail,
surtout lorsque les terres ne sont pas trop
humides, et qu'elles sont bien pulvérisées ;
mais quoique le blé ne doive pas être
trop profondément enfoui dans la terre,
l'est-il assez pour qu'un hiver rigoureux
n'en fasse pas périr une bonne partie, si , surtout, il se fait sentir à sa naissance ? Qu'on
fasse attention qu'alors les racines sont à peine

formées, et qu'elles se trouvent presque toutes à la surface de la terre, ce qui n'est pas de même aux travaux de l'ancienne charrue. Par ces diverses considérations, et principalement pour la dernière, nous donnons la préférence à l'ancienne, quitte pour travailler un peu plus.

Pour ce qui regarde de semer clair ou épais, cela dépend de beaucoup de circonstances. En règle générale, au moins dans ces contrées, on sème un hectolitre de blé, sans être chaulé, sur une superficie de cinquante-cinq ares; mais pour le bon agriculteur, cette règle ne peut point lui servir de base; s'il la suivait strictement, il se porterait lui-même de très-grands préjudices. D'abord, il est certain que, toutes les années, la grosseur des grains du blé n'est pas la même; tantôt ils sont plus petits, tantôt plus gros. Il est encore certaines pièces de terre qui demandent une plus grande quantité de semence; par exemple, une vescière, une févière, une haricotière, un luzerna, (qui ont porté du fourrage-sainfoin), doivent nécessairement être ensemencées plus dru que les pièces en jachère. Les trois premières sont ordinairement sujettes à porter beaucoup d'herbage, et la quatrième qui est le luzerna, si elle n'a pas cet inconvénient, en a un autre qui n'est guère moins funeste : c'est qu'une grande partie de blé meurt, ou ne naît pas. Quant aux jachères, qu'on ne craigne pas d'y semer un peu clair, surtout si la terre a été tré-champée (*). On observe encore que si la terre est trop sèche ou trop humide, il faut, dans l'un et l'autre cas, jeter plus de semence, qu'à l'ordinaire, et qu'il est préférable, au moins dans nos contrées, de semer plutôt avec l'humidité qu'avec la sécheresse. Ceci s'applique aux deux extrêmes; car s'il était possible à l'agriculteur de s'abstenir de semer dans l'un et l'autre cas, il ne ferait que mieux; mais quelquefois, et trop souvent, il n'est pas le maître de choisir.

Le semeur qui voudra semer épais, raccourcira le pas, et remplira bien sa main; si, au contraire, il veut clair-semer, il prendra moins de blé dans sa main, et allongera plus son pas; mais toutes ces manœuvres doivent être proportionnées au plus ou au moins de semence que l'on voudra épandre en terre;

(*) On appelle une terre tréchampée, celle où l'on aura fait du millet pendant deux années consécutives, et menée par guéret d'été la troisième.

car si sur deux pièces de terre d'égale conte-
nance, on veut semer sur l'une un décalitre de
blé de plus qu'à l'ordinaire, et sur l'autre deux
décalitres, sur la première le pas ne doit pas
être autant raccourci, ni la main aussi
pleine que sur la seconde; il va sans dire
qu'on doit suivre la même marche, opérant
à l'inverse, c'est-à-dire, qu'on doit diminuer progressivement. Le semeur doit faire
encore attention à la mesure qu'il prend
en travers. Ordinairement on mesure quatre
pas plus ou moins longs, et suivant la portée
d'un chacun; mais il faut, pour que la
semence aille bien, que le blé ne soit pas
doublé ni carié (*). Pour ne pas tomber
en défaut, on doit regarder souvent, surtout si on n'a pas un long usage, si le blé
jeté en terre est également uni partout, et
au cas où il serait doublé, on fait alors les
quatre pas un peu plus longs, ou bien on
force moins le blé en le jetant sur terre:
la première correction est préférable à la
seconde. On se corrige du second défaut, si
on reconnaît qu'il existe, en opérant à l'in-

(*) Le blé est carié lorsqu'il n'est pas joint ensemble sur
terre.

verse du premier. Lorsqu'en semant il fera
des vents très-forts, gardez-vous de forcer
le blé en le jetant contre le vent; jetez-
le toujours à l'ordinaire, seulement un peu
plus atterré, et vous verrez qu'il ira bien;
mais si vous vous obstinez à le forcer contre
le vent, vous ne pouvez faire que de la
mauvaise besogne : il est bon dans ces cas,
malgré qu'on soit bon semeur, de regarder
souvent d'un côté et d'autre, afin d'examiner si le vent n'emporte pas le blé trop
loin. Une fois qu'on a fixé définitivement
la distance qu'il faut pour bien jeter le blé,
on peut, pour semer avec moins de gêne,
former avec les pieds des lignes droites d'un
bout de la pièce à l'autre, ou bien on se sert
d'une petite charrue qu'un seul homme peut
aisément traîner : mais jamais ne faites des
raies avec la charrue des bœufs; tous ceux
qui encore n'ont pas quitté cette mauvaise
méthode, ont leurs blés très-mal semés.

L'usage est établi dans nos contrées, depuis
environ une trentaine d'années, de jeter du
blé dans les raies qui séparent les sillons;
c'est une découverte qui, quoique très-simple
en elle-même, est d'une grande utilité; aussi
a-t-elle reçu une approbation presque géné-

raie ; et comment ne serait-elle pas approu-
vée, nous qui, avant cette invention, n'avions
que des raies pleines d'herbage, et entièrement dégarnies de blé, tandis que maintenant c'est là où nous l'avons le plus beau ?
Mais nous devons tout dire : le blé qui est
jeté dans les raies, l'est très-souvent par des
enfans qui sèment ou trop clair ou trop
épais ; ils laissent aussi quelquefois des espa-
ces sans blé, tandis que d'autres en ont trop.
Le buisson qu'ils traînent derrière eux est
souvent sur le sillon, au lieu d'être dans la
raie ; comment voulez-vous que ce blé, jeté
de la sorte, aille bien ? Impossible ! aussi on
en voit qui font pitié.

Nous avons omis de dire qu'il faut ordinairement pour la semence du blé des raies,
un hectolitre par chaque vingt hectolitres
de semence ; mais encore ceci dépend beaucoup de la grande sécheresse ou de l'humidité
qui existe. Il est reconnu que, lorsque la
terre n'est ni trop sèche, ni trop humide,
il faut moins de blé pour les raies, parce
que la terre retombant de chaque côté des
sillons, il y a plus de blé que lorsque la
grande humidité l'empêche. Quoique dans
les fortes sécheresses, la terre tombe abon-

damment dans la raie, néanmoins il faut y jeter plus de semence, parce que tout ne naît pas.

Ayant, ce nous semble, assez parlé des semences du blé, nous dirons quelque chose sur les travaux des métayers et moissonneurs. Les métayers, du moins en grand nombre, pour avancer leur besogne, crainte du froid et de l'humidité, coupent parfois, et le plus souvent, la terre un peu trop gros, ce qui porte un préjudice notable à la semence, en ce qu'elle n'est pas éparpillée par la charrue, ni assez enfouie dans la terre. Il faut, pour que la terre soit bien remuée, qu'elle soit coupée très-mince et bien droit, et quelque nombre de raies que l'on fasse aux sillons, les travaux iront toujours bien. Si le terrain est garni d'herbe de mauvaise qualité, c'est-à-dire, de plantes qui, à l'avenir, puissent porter préjudice au blé, alors on loue quelques femmes ou enfans, ayant chacun un panier, et on leur fait suivre très-exactement sillon par sillon, pour extraire ces mauvaises plantes, qu'on va jeter, à mesure que les paniers sont pleins, dans un profond et grand fossé. Ces opérations, qui ne sont certainement pas très-coûteuses, et

que presque personne ne fait, sont néanmoins de la plus grande importance ; on
n'en reconnaît l'utilité que lorsque, vers le
mois d'Avril ou Mai, temps où le sarclage des
blés arrive, on les voit remplis de ces plantes
vivaces et dévorantes; c'est alors seulement
qu'on se rappelle que, moyennant quelque
journée d'enfant au temps des semailles, on
aurait pu garantir la récolte de cet herbage ;
mais malheureusement il n'est plus temps de
faire ces réflexions. Heureux l'agriculteur qui
a su les prévenir en son temps ! Cependant
pour remédier, autant que possible, à cette
faute, on loue des sarcleuses, qui, la plupart
du temps, brisent, avec leurs jupes, la
simple plante du blé qui languit parmi cette
herbe, et en arrachent en même temps une
grande partie. D'autres propriétaires, voyant
l'impossibilité de pouvoir arracher la grande
quantité d'herbe qui se trouve parmi leurs
blés, se décident à les faire faucher pour
avoir du fourrage. Croira-t-on que ces propriétaires paient bien cher leur négligence,
lorsqu'on peut hardiment leur dire qu'ils ont
perdu mille pour un? Eh bien ! malgré cette
perte énorme, tous ne se corrigeront pas,
et nous verrons chaque année des blés plus

ou moins pourris d'herbage, faute d'en avoir agi ainsi que nous l'avons prescrit.

Un assez grand nombre d'agriculteurs sont encore dans l'usage de ne pas applanir leurs terres après les semailles, prétendant que la superficie du terrain restant raboteux, donne l'avantage, par un hiver rigoureux, de mieux conserver la plante du blé, que celui qu'on a fait applanir. Ils peuvent avoir raison jusqu'à un certain point. Oui, nous concevons que le blé qui se trouvera dans un creux, ou derrière une motte de terre, résistera plus que celui qui est exposé au vent glacial de l'hiver ; mais, d'un autre côté, nous concevons aussi que les plantes qui se trouveront, soit sur une motte, soit sur une élévation, seront beaucoup plus en danger de périr ; en sorte que nous pensons que, pour la perte des plantes du blé par le froid, il y a autant à risquer dans l'un que dans l'autre cas ; mais reste l'avantage que, les terres étant applanies, on coupe ou on fauche beaucoup plus aisément ; on ramasse plus de paille, et finalement l'on fait plus de besogne.

Beaucoup de personnes pensent que la formation des raies traversières pour l'écoulement des eaux, est une opération de peu d'importance. Certains propriétaires, une fois leurs semailles finies, ne s'en occupent plus, ou abandonnent ces travaux au jugement et à la discrétion de leurs ouvriers. Que ces agriculteurs sont à plaindre! ne savent-ils donc pas que, par leur négligence, ils s'exposent à perdre une grande partie de leur récolte? Supposons une pièce de terre d'une forme concave; supposons encore que les raies traversières qu'on y aura pratiquées, soient tellement mal placées ou mal faites, que les eaux n'en puissent absolument sortir, eh bien! pense-t-on que lorsque l'hiver sera pluvieux et froid, le blé puisse résister long-temps? Serré et comprimé par une glace soutenue, il doit infailliblement périr; à qui la faute? à l'agriculteur imprévoyant qui ne pensait pas que l'hiver fût si pluvieux, et en même temps si froid.

Pour les semailles des seigles, on peut, à quelque chose près, suivre la même marche que pour les blés. Nous allons dire quelques mots sur l'avoine. Quelques particuliers sont dans l'usage de semer leur avoine en Octobre et Novembre, d'autres ne la sèment que vers le mois de Février; ils nous est impossible de pouvoir dire ceux qui font mieux, car, de part et d'autre, il y a des chances à courir. Ceux qui sèment leur avoine en Octobre et Novembre, courent la chance d'un froid rigoureux, et s'exposent à la perdre; ceux, au contraire, qui ne la sèment qu'au mois de Février, courent celle de la sécheresse des mois de Mai et Juin : néanmoins, s'il y a réussite de part et d'autre, nul doute que l'avoine semée en Octobre et Novembre ne soit préférable à l'autre; elle est presque toujours plus belle et mieux nourrie. Cependant nous conseillons aux propriétaires de ne semer leur avoine que vers le mois de Février, parce qu'il est rare que celles qui sont semées en Octobre et Novembre, résistent à l'intempérie de l'hiver; on a même vu très-souvent que le froid n'a rien laissé sur pied. Il n'en est pas de même de l'avoine semée plus tard; sans doute que la sécheresse lui porte un grand préjudice; mais pour si grand qu'il soit, il y a toujours quelque chose : de là, notre préférence.

Il paraît que l'avoine du pays du Saut (Quillan), semée dans nos contrées, fait merveille; si elle ne porte pas plus de grain que les autres espèces, on est assuré qu'elle vient très-haute , et par conséquent porte beaucoup de paille ; chose très-essentielle , car les bœufs , au fort de l'hiver , en sont très-friands , et se portent très-bien de cette nourriture.

Nous ne finirons pas l'article de l'avoine, sans dire qu'il faut huit décalitres de semence par chaque cinquante-cinq ares de terrain , en insistant néanmoins sur la nécessité de semer beaucoup plus clair sur une terre que l'on saura être exempte d'herbe. Le semeur doit restreindre la mesure d'un pas , et serrer la main , c'est-à-dire , ne la remplir d'avoine qu'à demi ; pour ce qui concerne les autres opérations , on se conformera à ce qui est dit pour semer le blé.

La semence des fèves se fait , par quelques-uns , aux mois d'Octobre et Novembre , et par d'autres , vers le mois de Janvier ou Février. Les mêmes chances à courir pour les uns et les autres , sont les mêmes que pour l'avoine ; nous donnons toujours la préférence à ceux qui les sèment plus tard , et nous répéterons qu'il vaut mieux avoir peu de chose que rien : mais nous dirons que nous n'approuvons pas la manière générale de les semer ; il nous semble que si on semait les fèves à

sillons comme le millet, avec moins de semence on aurait plus de produit, et on aurait le précieux avantage de pouvoir sarcler
la terre avec plus d'aisance ; car le propriétaire le moins expert et le moins connaisseur,
dira qu'à la manière dont on sème les fèves,
il est impossible qu'on puisse, avec la bêche,
enlever ou couper toutes les herbes, surtout
lorsque cette opération n'est ordinairement
faite que par des femmes ou des enfans ;
aussi, voit-on des févières qui font frémir,
tant l'herbe y domine ; et ce qui est encore
pis, c'est que, les fèves étant arrachées, il est
souvent impossible de pouvoir travailler
cette terre à cause de la sécheresse ; il faut
donc forcément attendre une pluie assez
abondante pour pouvoir y enfoncer la charrue ; mais pendant cet intervalle plus ou
moins long, ces mauvaises plantes croissent,
dévorent la terre, et épanchent leurs graines.
Peut-on ensuite espérer une belle récolte de
blé sur cette partie de terrain ? Non, sans
doute ; on n'aura, à coup sûr, qu'une récolte
remplie d'herbage ; pourtant, c'est là que le
métayer a porté tout le fumier ; c'est là qu'il
en a porté en abondance ; c'est encore là
qu'il a prédit à son maître que le blé serait
le plus beau du labeur !...

Quoique le lin ne soit guère cultivé en grand dans ces contrées, il est peut-être essentiel d'y consacrer quelques lignes. Ordinairement les propriétaires qui ont des métairies, donnent un peu de terrain à leurs métayers pour y semer du linet, et ensuite le partagent par égales portions. Notez que les métayers, du moins en général, choisissent sur le labeur du blé, le morceau de terre le meilleur pour y semer leur linet. Il n'est pas besoin de dire ici les précautions qu'ils prennent pour avoir une belle récolte, il suffit de savoir qu'ils en ont leur bonne moitié... Mais vaines espérances! l'humidité, le froid, les gelées tardives, l'ont impitoyablement tué, et voilà notre maître-valet fort en peine; cependant il n'abandonne pas sa proie aussi vite qu'on le croit; c'est le meilleur morceau de terre du domaine; il faut qu'il porte choux ou raves; et après avoir ruminé nuit et jour dans sa tête quelle est l'espèce de récolte la plus sûre, la plus productive et la plus appropriée à ses besoins, il s'arrête à l'orge, et sans perdre un instant, voilà l'orge jeté à terre; Dieu y fera le reste. Mais qu'arrive-t-il? L'orge qu'il a semé est tellement vieux, qu'il n'en sort presque pas

un dixième ; voilà encore une seconde semence perdue moitié pour le maître et moitié
pour le métayer. Ne nous rebutons pourtant
pas ; la terre est bonne, il faut, bon gré
malgré , qu'elle porte quelque chose ; qu'y
ferons-nous , il est tard , oui , bien tard ?
Attendez ! il faut y semer des pommes de
terre. C'est bien penser; allons , des pommes
de terre en terre. Et ce qui fut dit fut fait ,
sans oublier ces paroles sacramentelles : Dieu
y fera le reste. C'était à peu-près vers les
premiers jours du mois de Juin qu'elles furent
semées ; le terrain était alors tellement sec ,
et la sécheresse dura si long-temps , qu'elles
périrent presque toutes, et nous voilà arrivés
au mois de Juillet !.. Que ferons-nous sur
cette bonne terre ? Qu'y ferons-nous , qu'y
ferons-nous? étaient les cris mille fois répétés
par la famille du maître-valet. On tint con-
seil , et il fut décidé que celui d'entr'eux qui
trouverait la semence la plus propice, aurait
une bonne récompense. On s'était donné toute
la nuit pour y réfléchir. A peine l'aurore
commençait à poindre, que tout le monde
fut sur pied, et chacun de s'empresser de
dire ce qu'il fallait semer sur cette terre.
L'un parlait de haricots, l'autre de bettera-

ves, l'autre de carottes, etc. Mais aucune
de ces diverses semences ne plut au maître-
valet, et il s'arrêta à la graine de navet; c'est
une vieille femme, sa mère, qui le lui con-
seilla; et, comme l'on sait, on s'arrête de
préférence aux conseils des gens vieux,
surtout lorsque c'est un père ou une mère
qui les donne. Voilà donc la graine de navet
jetée à terre; et heureusement il venait de
tomber un peu de pluie, mais pourtant pas
assez pour maintenir quelque temps la fraîcheur dans la terre; aussi les navets sortirent,
mais finirent par sécher à tel point, que
notre pauvre bourat (*) avait presque renoncé
à ne plus rien faire sur cette terre de pro-
mission. Cependant tourmenté sans cesse
de cette grande affaire, et ne pouvant vivre
tranquille s'il ne la voit porter quelque chose,
il se décide, pour la cinquième fois, à y
planter des choux, ne fût-ce, disait-il en
lui-même, que pour nourrir les cochons :
c'était à peu-près sur la dernière quinzaine
du mois de Septembre. Le maître, qui fré-
quentait rarement cette campagne, arrive,

(*) On appelle bourat celui qui soigne les bœufs; ordinairement c'est le père, ou le plus ancien de la famille.

et voit, à la place du lin, des rangées de choux ; étonné de voir ce changement, il s'empresse de prendre des informations, et on lui raconte tous les malheurs survenus. Eh bien ! dit-il, puisque c'est ainsi, commencez à arracher toux ces chous, et je vous annonce que dorénavant vous ne ferez plus de lin , mais en compensation, vous aurez une égale quantité de terre en millet. Nous voudrions que ce maître eût beaucoup d'imitateurs.

La vesce noire pour fourrage est semée, par les uns, vers les mois d'Octobre et Novembre, et par d'autres, en Février ; toujours les mêmes chances à courir, qui sont le froid et la sécheresse. Cependant comme les vesces résistent assez à l'hiver, nous donnons la préférence à ceux qui sèment de bonne heure ; car la vesce semée en Février, pour fourrage, donne très-peu de chose.

Quelques propriétaires sèment la graine de luzerne (sainfoin), en même temps que le blé ; les uns labourent tout ensemble, et d'autres ne le sèment qu'après que le blé a été labouré, et applanissent ensuite le terrain avec une échelle ou une poutre de bois,

ce qui devrait être fait avec des râteaux ;
car en applanissant ainsi, on ramasse une
grande partie de graine dans les creux et
dans les raies. Pour que cette opération
soit bien faite, il faut, dès le moment
que le blé a été labouré, applanir de suite
la surfacedu terrain, y jetter la graine
dessus, et gratter avec des rateaux ; de
cette manière on est sûr d'avoir la semence
bien éparpillée. Quant à ceux qui labourent
tout ensemble, nous ne les approuvons pas,
en ce qu'une grande partie de graines'enfouit
trop profondément dans la terre, et ne peut
sortir ; de là, des luzernes fort claires. Nous
n'approuvons pas également de les semer en
Novembre parmi ou sur le blé, pour deux
bonnes raisons : la première est que si l'hiver est rigoureux, les luzernes sont inévita-
blement perdues, et si, au contraire, il est
doux, elles deviennent tellement belles et
fortes, que le blé en souffre beaucoup ;
ainsi de quelque côté que la chance tourne,
le propriétaire est toujours exposé à perdre.
Nous conseillons donc de ne semer la graine
de luzerne sur les blés, que vers le mois de
Mars ; on doit se procurer de petits râteaux
faits exprès, et dont les pointes en bois

doivent être rondes au bout, et non poin-
tues, à cause des racines du blé ; on gratte
très-légèrement la superficie du terrain,
chose très-facile à faire, parce qu'alors l'hiver
l'a pulvérisé, et, par ce moyen, on est presque
sûr d'avoir de beau fourrage. Cependant nous
dirons que la luzerne semée en Février sur
l'avoine, est plus sûre de réussir, et est toujours plus belle ; car il arrive souvent que
si le blé est beau, et que la sécheresse se
fasse sentir vers les mois de Juin et Juillet,
elle est ordinairement étouffée. Nous dirons,
avant de finir, qu'on doit bien préparer
et bien fumer les terres où l'on veut jeter
la graine de luzerne. Qu'on ne se figure pas
que cette plante devienne belle sans fumier,
et que, sans lui, elle améliore la terre ; si on
le croit, on se trompe.

Nous voilà donc arrivés à la fin de nos
semailles, du moins pour celles les plus
usitées dans nos contrées ; nous allons entrer
en détail pour tout ce qu'on doit faire en
Décembre, ce qui formera le deuxième
chapitre.

CHAPITRE II.

Beaucoup de personnes pensent qu'une fois les semailles finies , il n'y a plus rien à faire, et presque tous les propriétaires se retirent, ou dans les villes ou villages, pour se délasser , au coin d'un bon feu, des fatigues qu'ils viennent de supporter. Ils pensent que leur présence n'est plus nécessaire à leurs domaines ; mais s'ils voulaient un peu réfléchir, ils verraient qu'ils se trompent ; ils verraient que les terres destinées à porter du millet, vont être bien ou mal travaillées ; ils verraient que s'ils tiennent un troupeau de brebis ou moutons à moitié fruit , le fourrage disparaît à vue d'œil ; ils verraient que si malheureusement ils ont un four à cuire le pain, les pailles diminuent beaucoup ; ils verraient que les bœufs restent les semaines entières sans voir l'étrille ; ils verraient la quantité de bois qu'on brûle journellement, et principalement aux veillées ; ils verraient que les bêtes les plus

mal soignées sont celles du haras ; ils verraient, enfin, que leurs maîtres-valets ne
font que dormir toute la journée. Eh quoi !
dormir tout le jour, lorsque les nuits sont
si longues ! ça ne peut se concevoir. — Oui,
pour ceux qui ignorent d'où provient cette
envie de dormir ; mais pour ceux qui savent
que ces gens-là sont dans l'habitude de courir toute la nuit, en hurlant comme des
loups, cela se conçoit aisément. Agriculteurs
inexpérimentés ou trop confians, nous
vous engageons, par tout ce qui précède,
et par beaucoup d'autres motifs non moins
puissans, à fréquenter souvent vos campagnes pendant l'hiver ; vous avez peut-être
plus à perdre que dans toute autre saison
de l'année. — Mais encore, à quoi occuper
tout ce monde, lorsque la glace et la neige
couvrent toute la surface de la terre ? — C'est
ce que nous dirons au chapitre suivant.

CHAPITRE III.

(JANVIER.)

Une infinité de propriétaires laissent quelquefois gâter leur récolte dans leurs greniers, tandis qu'ils ont des hommes qu'ils paient, sans doute, pour dormir. En effet, rien de plus ridicule que de voir autant d'apathie de la part de ces propriétaires ; faut-il donc qu'il ne leur vienne jamais dans l'idée de remuer un peu ces dormeurs? veut-on les engraissr comme des cochons? — Oh! doucement, quelques-uns d'entr'eux se sont ravisés : en voici arriver par bandes, la tête basse, et marchant d'un pas lourd et forcé ; on dirait qu'ils vont aux galères, tant ils ont l'air abattu. Les voici arrivés dans la maison du maître; les uns vont au magasin passer le blé au crible à échelle, les autres montent au galetas pour trier un à un les épis du millet : les voila tous, dans un clin d'oeil, plus ou moins occupés. — Mais pensez-vous, maître agriculteur, pouvoir tranquillement regagner votre bon feu , et continuer la lecture de quelque vieux roman ? — Détrompez-vous , il faut que ces gens-là soient gardés à vue , sinon vous êtes exposé à être trompé ; les uns et les autres travaillant toujours forcément , ne vous feront , à coup sûr , que de la mauvaise besogne. Maître agriculteur , soyez donc actif , et n'oubliez pas surtout cet axiome : *L'œil du maître engraisse le cheval.*

CHAPITRE IV.

(Février.)

Dans le courant de ce mois, si toutefois les terres ne sont pas trop humides ou trop glacées, les maîtres-valets commencent à labourer la portion des terres que leur maître leur a destinée pour la semence des millets ; et ici le maître n'a pas besoin, comme d'ordinaire, de surveiller si les terres sont labourée profondément ; il doit, au contraire, surveiller qu'elles ne le soient pas trop ; car ces gens-là travaillant pour eux-mêmes, se placent souvent à califourchon sur la charrue, pour la faire entrer plus avant dans les entrailles de la terre. Que leur importe que les boeufs soient à cette époque faibles, sans vigueur ! ils travaillent pour eux, c'est tout dire.

A cette même époque du mois de Février, on est ordinairement arrivé aux semailles des fèves, vesces, pois, etc. Il va sans dire que le fumier qu'on doit porter sur ces terres, est déjà tout prêt, et même très-bien

4

fait, car on n'a pas manqué d'y donner tous les soins possibles La litière a été abondante, le fumier des étables a été remué, non pas chaque jour, mais à chaque instant, et pour en hâter la confection ou la maturité, on y a jeté le plus souvent quelque comporte d'eau qu'on a fait chauffer avec de la paille. Les cloaques, les fossés en sont remplis; on ne voit partout que paille pour faire du fumier; aussi dans les mois d'Avril, Mai, Juin, et quelquefois même une grande partie du mois de Juillet, on voit ce pauvre bétail nager dans l'urine, et c'est précisément à ces époques où il aurait le plus de besoin d'une litière, et qu'on ferait beaucoup de fumier; mais, malgré tout cela, on s'obstine à vouloir faire chaque année beaucoup de fèves à moitié fruit avec les maîtres-valets, comme si on ne pouvait pas compenser le bouvier par toute autre chose qui ne portât pas un tel préjudice. Au reste, qu'on fasse attention que sur tous les objets, de quelque nature qu'ils soient, qui seront à partager avec le métayer, le maître y perdra toujours.

Nous avons dit, ce nous semble, que le fumier était prêt; rien ne peut empêcher

qu'il ne soit de suite transporté dans les
champs; et quoique les eaux soient répandues
quelquefois sur la surface du terrain , n'importe, le temps presse , il faut le charrier,
au risque de pétrir la terre, et d'étrangler
les bœufs. Eh! qu'avon s-nous à perdre? que
les blés seront remplis d'herbage ? qu'on sera
peut-être obligé de les faucher tout verts ?
que quelque bœuf en crevera ? Eh bien !
nos gages n'en seront pas diminués , ni notre
bourse affaiblie. Tel est le langage de quelques métayers. Il est encore très-essentiel
de surveiller les moissonneurs et autres ouvriers à qui on a donné de terre pour le
millet ; ceux-là aussi ne se font pas scrupule
de la travailler avec l'humidité, la glace , et
quelquefois même la neige. Le bon agriculteur devrait savoir que les terres travaillées
dans cet état, sont gâtées pour long-temps;
il doit visiter très-souvent leurs travaux,
examiner si leurs outils sont en règle, et
principalement les fourches en fer ; car
d'ordinaire elles sont trop courtes; on en
voit qui n'ont que huit à neuf pouces de
longueur , tandis qu'elles devraient pour le
moins avoir onze pouces. S'il fait défoncer à
deux pointes, il doit examiner s'il y a beau-

coup de terrain cru sur la surface, et s'il
en voit peu, c'est un signe que le défoncement n'est pas bien fait; et pour s'en assurer
plus sûrement, il doit faire faire en sa présence un fossé en travers des sillons; une pelle
suffit pour cette opération; et si, lorsqu'on
sera arrivé à la terre ferme, on la trouve
bien unie partout, nul doute que le défoncement n'aille bien; mais si, au contraire,
il est raboteux, et qu'on trouve une barre
de terre d'un bout de sillon à l'autre, mauvais signe, on a taillé la terre trop gros,
et on n'a pas tenu constamment le passage
assez ouvert, faute de jeter la terre assez
loin; c'est ce qui arrive presque toujours.

On sera peut-être étonné que ces gens-là,
qui, le plus souvent, connaissent les principes de l'agriculture mieux que leurs maîtres, s'obstinent presque tous à travailler
la terre avec l'humidité. En voici la raison :
c'est que plutôt ils ont fini leurs travaux,
plutôt ils sont prêts à gagner des journées
d'un côté ou d'autre, sans faire attention
que le plus souvent ils perdent, au lieu de
gagner : mais ce ne serait rien si le maître
ne perdait pas plus qu'eux; celui-ci perd

d'abord sur sa moitié du millet, et il perd encore beaucoup plus sur le dégât qu'on fait à ces terres en les travaillant avec l'humidité.

—

CHAPITRE V.

(Mars.)

Nous voici enfin arrivés au mois de Mars, époque où les travaux de toute espèce vont s'ouvrir, (si toutefois le temps le permet.) Dans ce mois, on commence à donner la première façon de labourage à la partie des terres que l'on destine pour la récolte du blé; certains propriétaires en font pelleverser quelques pièces, d'autres font faire des transports, d'autres des défoncemens à deux pointes ou à la bêche; d'autres, enfin, font faire des défoncemens à la charrue des bœufs. Ce dernier est plus économique; il faut ordinairement dix hommes pour travailler dans la raie, mais le meilleur défoncement est celui qui se fait avec la bêche. A cette même époque, on taille ordinairement les vignes; mais comme ce pays-ci n'est pas un pays vignicole, nous dirons peu de chose sur cet article. Au reste, nous l'avouerons sans crainte, nos lumières sont très-faibles sur cette partie;

nous n'avons ni pratique, ni expérience : heureux si le peu que nous en dirons peut être goûté de nos concitoyens !

Nous commençons à parler de la première façon de labourage pour les terres à blé, et sans entrer dans le détail des différentes charrues connues jusqu'à ce jour, nous dirons qu'on doit toujours, autant que possible, commencer à labourer les terres où l'on voit que l'herbe domine. Il y a plusieurs manières de labourer à la première façon ; celle qui est en ce moment la plus pratiquée, est de labourer en tournant ; on parvient même, par un grand laps de temps, à faire des transports de terre sans frais ; mais nous croyons que si cette manière de labourer est usitée par un grand nombre de propriétaires, ce n'est que pour maintenir, et même augmenter la hauteur des transports ; car nous n'avons jamais pensé que les terres labourées ainsi donnassent une plus belle récolte que celles travaillées à l'ancien système ; nous prétendons, au contraire, que celles-ci sont en partie plus exposées à l'ardeur du soleil, et qu'elles acquièrent plus de sel, ce qui est, comme on sait, très-avantageux ; mais reste l'avantage pour le nouveau système, que les transports augmentent, au lieu de diminuer.

Qu'on fasse attention que les métayers ne fassent l'inverse de ce qu'il convient de faire, c'est-à-dire, qu'ils ne labourent de préférence, et les premières, les pièces de terre exemptes d'herbage ; ils emploieront mille subterfuges pour subjuguer leurs maîtres ; tantôt ils diront que telle ou telle pièce de terre mérite d'être labourée tard ou de bonne heure, suivant qu'elle est ou n'est pas garnie d'herbe ; ils parleront alors le langage de l'agriculture, et les terres boulbènes, demi-boulbènes, légères, noires, bâtardes, fortes, rousses, ne seront pas oubliées ; tout sera mis en usage pour conserver cette herbe pour leurs moutons ou brebis : c'est là qu'ils ont grand profit ; peu leur importe qu'il n'y ait pas de blé ; si le maître n'en a pas pour payer les gages, il en cherchera.

On ne peut guère établir une règle générale pour la manière de faire les transports ; les différentes figures des champs, le plus ou le moins de fonds de terre nous en empêchent. Nous dirons néanmoins qu'on ne doit pas faire des transports de terre trop bombés, c'est-à-dire, trop élevés ; car plus ils seront hauts, plus les côtés du champ seront appauvris, et plus il en coûtera; ce sont donc deux pertes incontestables. Qu'on fasse donc les transports, si l'on veut en faire, aussi bas que possible, surtout s'il n'y a pas fonds de terre, on épargnera de deux côtés. Il faut également faire attention de ne pas faire travailler à ces opérations lorsque la terre sera trop humide; la roue des brouettes ou des tombereaux la presse à tel point, qu'il ne peut en résulter qu'un très-grand préjudice au propriétaire.

Beaucoup de vignerons, au moins dans cette contrée (Castelnaudary), donnent trop de bois à leurs vignes, et cela pour avoir plus de raisins. Nul doute qu'ils n'y réussissent; mais la vigne durera-t-elle long-temps? C'est ce que nous ne croyons pas, et nous pensons encore que les raisins qu'ils récoltent ne peuvent donner de bon vin, en ce qu'ils sont trop épais, et mûrissent difficilement. La vigne, c'est-à-dire, les souches, ne doivent pas être ni trop hautes, ni trop basses; si elles sont trop hautes, elles n'ont pas autant de force, et si elles sont trop basses, il y a beaucoup de raisins pourris. On provigne chaque année quelque souche pour garnir les places vides ; mais ces travaux, qui demandent beaucoup d'attention, se font ordinairement à la hâte, et par conséquent très-mal : de là, des souches mal assises, moitié couchées, et parfois tremblantes. Pour bien provigner, il faut que la fosse soit profonde d'environ un pied, (34 centimètres); faire attention que les ceps ou plants qui sortent sur terre, soient bien droits et bien d'aplomb ; arranger ensuite le terrain en forme de tombe. La greffe qui vient d'être connue et pratiquée dans ce pays il y a fort peu de temps, nous est d'un grand secours, soit pour donner une jolie tournure aux souches, soit pour changer l'espèce du raisin.

CHAPITRE VI.

(Avril.)

Déjà nos paysans ont apprêté leurs semailles du millet, et quoiqu'il soit un peu
enfumé, il n'en est pas moins bon. On croira
peut-être qu'ils vont se disputer à qui fera
le premier ; c'est bien le contraire, la terre
encore trop froide, la lune, saint Marc,
et tous les saints et saintes du paradis, les
tiennent en échec. Cependant les plus hasar-
deux ou les moins superstitieux essaient
d'en jeter quelques grains, et peu à peu
on arrive à saint Marc le désiré ! C'est
alors qu'a lieu la grande querelle ; tout le
monde veut faire son millet ; cependant il
n'y a pas une paire de bœufs pour un
chacun ; comment faire ? Donner la préférence à quelqu'un , c'est faire ou créer des
jalousies ; les laisser quereller, c'est encore
pire : mais voilà le bourat qui prend sur
lui de trancher la difficulté ; il en fait pour
lui-même, et tous les autres ont beau serrer
les dents de colère, qu'il ne reste pas de bien

enfiler les sillons, et même de siffler quelque vieille chanson en signe de gloire... Pauvres moissonneurs, il y a de quoi vous plaindre! nous serions même tentés de pleurer, si nous ne savions pas de bonne source que l'an prochain saint Marc sera pour vous.

Il est presque partout d'usage qu'on n'emploie pour semer les millets, que des femmes ou des enfans : aussi on en voit qui font pitié, tant ils sont mal semés ; on en voit des rangées sur les sillons, au lieu d'être dans la raie ; on voit encore des groupes et des places vides à l'infini : tout cela est très préjudiciable aux uns et aux autres.

Vers cette même époque du mois d'Avril, on fait bêcher la vigne. Quelques propriétaires la font pelleverser de temps en temps, pour briser ou rompre les racines qui sont trop sur terre : il faut, pour bien faire cette opération, n'enfoncer la fourche à fer qu'à demi; car si on l'enfonce trop, il arrive souvent qu'on coupe des racines qui sont très-nécessaires à la souche. Ou remarquera que la première, et quelquefois même la seconde année, la vigne jaunira ; mais, pour cela, il ne faut pas s'épouvanter, les années d'après lui rendront plus de force et plus de vigueur. La manière de travailler la vigne avec la bêche, est la plus générale et la plus usitée; mais il est rare qu'on fasse bien cette façon; le plus souvent on n'enfonce pas assez la bêche dans la terre, on la coupe trop gros, et d'ordinaire elle est ou trop petite, ou trop légère, ou trop courte Nous ne finirons pas sans dire qu'il faut se garder de travailler la vigne avec l'humidité, et nous répéterons cent fois, *« qu'il vaut mieux faire le fol, que de « bécher en temps mol. »*

Nous ne pensions pas de parler des haricots, sans doute parce que cette plante est très-préjudiciable aux propriétaires de ce pays-ci. En effet, comment se peut-il qu'un agriculteur qui a vu charrier le meilleur fumier sur les terres où l'on veut semer les haricots, qu'il en a vu porter le double et le triple de ce qu'il fallait; comment se peut-il, disons-nous, qu'après en avoir récolté une chétive récolte de blé, il ait encore le courage d'en faire de nouveau ? Cela ne peut se concevoir, à moins que les maîtres-valets, ou plutôt les métayères, ne l'aient ensorcelé. Nous faisons les mêmes observations pour les vesces et pois qu'on laisse grainer ; ces deux espèces de grains sont encore plus à redouter que les haricots ; nous engageons nos concitoyens de ne pas faire de ces vilenies ; il vaut bien mieux compenser le métayer par toute autre chose.

———

CHAPITRE VII.

(Mai.)

Les travaux les plus pressans qui ont lieu dans le mois de Mai, sont, sans contre-dit, de faucher les fourrages, et de sarcler les millets. Suivant ce que nous avons remarqué, il nous paraît qu'on fauche les luzernes un peu trop tôt, c'est-à-dire, qu'on ne les laisse pas assez mûrir : nul doute que le fourrage n'en soit meilleur; mais aussi, en séchant, il diminue trop sensiblement, et est plus sujet à se gâter que celui qu'on a fauché dans sa parfaite maturité. Il faut faire attention que la luzerne soit moitié en fleur, et moitié en graine; mais, règle générale, il vaut toujours mieux qu'elle soit plutôt trop mûre que trop verte; et la preuve de ce que nous avançons, c'est qu'on a vu des luzernes en graine donner un très-bon fourrage. Beaucoup d'agriculteurs enferment ou entassent leurs fourrages trop tôt : de là, de très-mauvais alimens pour le bétail; il faut, avant de les enfermer, qu'ils soient bien secs, et il vaut bien mieux perdre quelque feuille dans les champs, que de perdre tout en grange. D'ailleurs, comment voulez-vous que les bœufs, qui sont condamnés à manger toute l'année un fourrage moisi, puissent se soutenir? Impossible! et qu'on ne croie pas que parce que les métayers savent que les bœufs sont mal nourris, ils se privent de se placer à califourchon sur la charrue; s'ils travaillent pour eux, à coup sûr ils le feront, quitte pour avoir de nouvelles bêtes; c'est le maître qui paiera.

On est ordinairement fort en peine pour conserver les fourrages lorsque les pluies sont abondantes, et ici il est très-difficile de pouvoir donner une marche sûre pour les garantir; cependant nous en dirons quelque chose. Quelques propriétaires sont dans l'ancienne habitude de laisser sécher le fourrage, tel que la faux l'a placé : nul doute que ceux-là ne fassent très-bien s'il ne pleut pas; mais si, au contraire, il pleut continuellement lorsque le fourrage est presque séché, il est certain qu'il est perdu, ou du moins très-mauvais. D'autres personnes font des tas d'environ deux ou trois quintaux lorsque le fourrage est à peu près demi-séché;

mais encore si la pluie est telle qu'elle les
pénètre de fond en comble, on ne peut
avoir que du mauvais fourrage. La meilleure
manière de les conserver jusqu'à un certain
point, serait celle-ci : avoir des femmes, ou
même des enfans assez âgés, que l'on place
au derrière des faucheurs, portant chacun
une fourche en bois ; on leur fait faire
de petits tas bien arrondis, d'environ une
soixantaine de livres ; cela fait, on laisse
sécher. Nous pensons que cette méthode est
bonne, en ce que l'air pouvant pénétrer
les tas, ils ne peuvent pourrir comme ceux
de trois quintaux ; au demeurant, c'est une
expérience qui n'est pas fort coûteuse.

Le sarclage des millets est, à notre avis,
généralement mal fait ; cependant la récolte
appartient par moitié aux moissonneurs et
métayers : mais à cette époque les eaux se
trouvant basses, on est forcé de recourir au
plus pressé, qui est d'alimenter la famille ;
en sorte que les plus capables vont, d'un
côté ou d'autre, gagner quelques journées,
et les femmes, les enfans et les vieillards
vont sarcler les millets ; aussi, à peine effleu-
rent-ils la crête des sillons. Mais, dira-t-on,
si le maître prêtait à cette époque quelque

sac de grain à ces gens-là, cela n'arriverait point; sans doute que quelques-uns se voyant de quoi subsister, iraient (au moins nous le pensons) travailler de préférence leur millet. Mais on ignore peut-être que la plupart de ces ouvriers doivent beaucoup à leurs maîtres, et qu'ils ne seraient jamais rassasiés d'emprunter, surtout ceux qui aiment à fréquenter les cabarets, et à ne rien épargner chez eux lorsqu'ils en ont; c'est une espèce de gens qui rongeraient leur maître jusqu'aux os, si celui-ci voulait les écouter.

Ayant déjà parlé de la manière de faire les fèves, nous répétons ce qui est dit au chapitre premier, que les fèves, pour pouvoir être bien sarclées, doivent être faites à gros sillons comme le millet.

CHAPITRE VIII.

(Juin.)

Ordinairement dans le courant de ce mois, on donne la seconde façon de bêche aux millets ; on fauche les luzernes en graine, ainsi que les fourrages en vesce ; on bine les vignes, et on arrache les fèves et les pois.

A cette époque, et quelquefois même sur la fin du mois de Mai, les maîtres doivent strictement surveiller leurs métayers, non pas pour voir s'ils travaillent bien la terre de leurs millets, car ils travaillent pour eux, mais s'ils travaillent au labourage les heures qu'il y faut travailler. Il est généralement d'usage qu'ils quittent ce travail une heure plutôt à chaque jointe (*), ce qui fait deux heures par jour ; et c'est précisément le temps le plus favorable de l'année, pour la façon qu'on donne aux terres. Si le maître leur fait des reproches, ils ne manquent pas de dire que la perte du temps est bien au-delà

____

(*) Demi-journée.

compensée par le plus de besogne qu'ils font, soit en allant aux champs très-matin, soit en pressant un peu plus les bœufs. S'ils disent la vérité, on est presque assuré que ces pauvres bêtes vont quelquefois aux champs le ventre vide ; aussi peuvent-elles marcher plus lestement, comme on a cherché à le faire croire. Et comment se peut-il, en effet, que des gens qui, au fort de l'hiver où les nuits sont si longues, qui ne font rien, dormant toute la journée, puissent être si matineux lorsque les nuits sont si courtes, et qu'ils sont accablés de travail ? C'est impossible d'y pouvoir ajouter foi ; mais qu'arrive-t-il de tout cela ? C'est que les bœufs maigrissant à vue d'œil, on doit bientôt s'attendre à tirer les cordons de sa bourse pour en acheter d'autres.

En parlant encore des millets, (plante qui est très-nécessaire pour purger les terres, mais qui ne porte pas grand profit au maître pour une infinité de raisons), nous dirons que généralement on les laisse presque partout trop épais : c'est une manie qu'on ne peut faire perdre à nos pysans ; il leur semble toujours qu'en les laissant fort épais, ils en récolteront beaucoup plus, ce qui est le contraire, car les plantes du millet devraient être d'une distance de près de quatre pans ; mais le plus ou le moins dépend, en grande partie, de la bonne ou mauvaise qualité de la terre. Les sillons doivent être aussi plutôt gros que petits ; mais malheureusement on fait presque toujours l'inverse ; aussi, beaucoup de paille de millet, mais peu d'épis allongés, et finalement, peu de grain.

Nous rappelant avoir dit au commencement de ce chapitre, que vers le mois de Juin on fauchait les luzernes grainées, nous dirons qu'il arrive presque toutes les années, qu'il y a une partie de graine mûre, et une partie qui ne l'est pas ; en sorte que le propriétaire est fort en peine pour se décider à faucher. Voici ce que nous conseillons à cet égard : si la partie qui se trouve mûre est plus grande, qu'on fauche ; si, au contraire, l'autre l'est beaucoup plus, attendez-la, et si, enfin, il y a égalité, donnons toujours la préférence à la précoce, car d'ordinaire elle est toujours plus belle. Une fois le fauchage fini, quelques particuliers battent la luzerne avec des fourches en bois. Dans les champs, ils ont pour cela de grandes toiles ; d'autres, au contraire, la font charrier moitié sèche au sol , finissent de la faire sécher , et battent dessus ; et d'autres , enfin , la charrient également au sol moitié sèche , la mettent en tas , et ne la battent qu'après les dépiquaisons. Ceux-là font mieux que les autres , pour deux bonnes raisons : la première , c'est que la graine est plus nourrie , et conséquemment plus belle ; et la seconde , c'est qu'en la battant ainsi , il ne reste pas une seule graine attachée aux plantes. Mais en opérant ainsi , il est bon d'observer qu'il faut bien faire les tas ; ils doivent être ronds , assez gros , et surtout bien calotés avec de la boue , afin que l'eau n'y puisse pénétrer.

Il faut faire encore plus d'attention au fourrage de vesces noires , qu'à celui de luzernes ; celui-là demande de rester plus long-temps dans les champs pour sécher ; et on verra , presque chaque année , que les propriétaires se pressent trop pour l'enfermer ; aussi, presque partout on ne voit que fourrage moisi ; et c'est bien dommage , car les bœufs en sont très-gourmands. On peut , si l'on veut , pour conserver ce fourrage en cas de pluie , suivre la même marche prescrite pour la luzerne , en observant néanmoins de faire les tas beaucoup plus petits. Nous dirons, en finissant cet article, qu'on laisse trop mûrir les vesces, ce qui, du reste, ne va pas plus mal pour le bétail ; mais la terre s'en ressent trop, et de là de tristes blés.

La vigne est ordinairement binée vers le mois de Juin, et quelquefois même au commencement de Juillet ; cela dépend, en grande partie, d'une foule de circonstances qu'il est fort inutile d'énumérer ici. Qu'elle soit binée en Juin ou Juillet, il faut la travailler de manière que les herbes soient bien coupées, et que la surface du terrain soit bien unie. Si la vigne est jeune, il faut faire en sorte de ne pas amonceler la terre au pied des souches ; car étant encore très-basse, les raisins touchent à terre, et finissent par se pourrir aux moindres pluies qui surviennent ; il faut, au contraire, laisser un creux sous chacune d'elles ; de cette manière le vigneron aura deux avantages, celui de conserver les raisins sains et saufs, et celui non moins avantageux de voir, lorsque les feuilles tombent, que les vents en remplissent les creux : c'est un très-grand bien pour la souche.

Certains vignerons ont la patience, vers le mois de Mai, de parcourir leurs souches une à une, pour couper les jets qui viennent de dessous ; c'est une opération que nous approuvons pour les vieilles vignes, et que nous n'approuvons pas pour les jeunes. A celles-ci le vent en coupe malheureusement trop ; il faut donc attendre, pour pratiquer cette opération, que la vigne ait au moins une quinzaine d'années.

Nous ne dirons presque rien pour la manière d'arracher les fèves et pois, sinon qu'il faut défendre qu'on fasse ce travail lorsque la terre est trop molle ; et c'est précisément alors qu'on s'empresse d'exécuter ces travaux pour les arracher avec plus d'aisance ; mais le maître y perd beaucoup. Nous recommandons de faire arracher bien exactement toute l'herbe des févières, et de l'emporter sans retard ; car en laissant dans le champ ces mauvaises plantes, on risque fort d'en avoir une grande quantité parmi le blé.

CHAPITRE IX.

(Juillet.)

A cette époque, le paysan a gagné victoire ; et peut-il en être autrement, lui qui naguère n'avait presque rien pour alimenter sa famille ? Aussi voyez comme les traits de son visage ont tout à-coup changé ; vous ne voyez plus chez lui cet air sombre et silencieux ; on voit, au contraire, un homme fier et content, et semblable au prisonnier qui a fini ses jours de prison ; il est hors de lui-même, et le roi n'est pas son pareil. Mais, dira-t-on, d'où vient ce changement si subit, nous l'avons encore vu hier si triste ? Ah ! c'est qu'hier il n'avait pas les sacbes pleines de blé, ni ses barriques remplies de vin ; il y avait aussi très-long-temps que sa bourse était vide ; aujourd'hui tout est comble, et tout rayonne de joie.

Le mois de Juillet, et quelquefois même les derniers jours de Juin, sont employés, dans ce pays-ci, à couper les blés et avoine. Nous trouvons que beaucoup de propriétaires coupent leurs blés trop tard ; les anciens agriculteurs, ou les retardés, comme on voudra les appeler, prétendent que si l'on veut avoir de belle qualité de blé, il faut le couper bien sec. Pour nous qui aimons à tenir un juste milieu, nous sommes d'avis qu'il ne faut les couper ni trop secs, ni trop verts, et si nous étions forcés de nous décider pour l'un ou pour l'autre cas, nous n'hésiterions pas un instant à donner la préférence aux blés coupés un peu verts, mais pourtant jusqu'à un certain degré ; car si l'on coupe trop vert, on perdra autant et peut-être plus qu'en coupant trop sec. Pour ne pas se tromper, lorsqu'on verra que le grain, en le pressant dans les doigts, ne rend que du lait, il est trop vert ; si, au contraire, il est en pâte, coupez rondement, et on n'aura que de très-belles qualités. Mais il arrive souvent qu'une partie des épis sont mûrs, tandis que l'autre ne présente que de verts ; comment faire alors ? On doit attentivement juger quelle est la partie la plus forte en nombre, et se décider pour l'une ou l'autre, et au cas où il y aurait égalité, on attend quelques jours de plus, et on fait couper ; mais il ne faut pas attendre que tous les épis verts soient

mûrs ; car en voulant sauver ceux-ci , on risque de perdre les autres. Et qu'on fasse
attention que les épis précoces sont d'ordinaire les plus beaux ; et si jamais il arrive
qu'on donne la préférence aux autres , ce ne
sera qu'une majeure partie qui puisse décider
l'agriculteur à sacrifier les premiers. Mais
encore , d'où vient que quelques propriétaires
ne veulent couper leurs blés , qu'ils ne soient
très-secs ? Car depuis le temps qu'ils sont dans
cette mauvaise habitude , ils auraient pu
s'apercevoir que l'ardeur du soleil les dévore
à tel point , que les grains sont beaucoup
plus petits qu'ils ne seraient si on avait coupé
plutôt ; ils auraient également dû voir qu'en
coupant , liant et faisant les tas , il s'en
égrène beaucoup ; ils devraient enfin être
convaincus qu'en gerboyant , on perd beaucoup de blé ; et compte-t-on pour rien le
vent d'autan ?... Eh bien ! malgré toutes ces
pertes , ils persistent à ne vouloir couper les
blés que brûlés par le soleil , et cela parce que
leurs moissonneurs leur assourdiront les
oreilles , en leur criant sans cesse que les blés
sont encore verts comme l'herbe ; et connaît-
on la raison ou le motif des paysans ? Le voici :
c'est que presque toujours , à cette même

époque, ils ont en tout ou en partie des terres de millet à travailler, et quand bien même ils auraient tout fini, ils tiennent beaucoup à gagner quelques journées, non pas de celles de leur maître, celles-là ne valent rien, mais des journées de quelque particulier qui nourrira très-bien, et qui, par-dessus tout, donnera le vin à discrétion. Tant que le paysan trouvera de telles journées, les blés seront toujours verts, et si on les laissait faire, tout le monde aurait coupé, qu'ils ne diraient jamais de commencer. Il faut donc vérifier les blés souvent, et avoir le soin de prévenir les coupeurs quelques jours d'avance ; car si on les prenait à l'improviste, chacun ne manquerait pas d'étudier un bon prétexte pour s'en servir au besoin, et s'en dispenser. Bienheureux encore le maître qui prend toutes ces précautions, qui a tout son monde au jour fixé !

Depuis quelque temps il y a dans nos contrées deux différentes manières d'abattre les blés ; les uns le coupent à la faucille, et les autres à la grande faux. Ceux qui coupent encore à la faucille, soutiennent qu'on n'égrène pas autant de blé ; que les gerbes sont plus ramassées et plus unies ; qu'enfin, cette même gerbe est plus facile à dépiquer, en ce qu'il n'y a pas autant d'épis au bas, et une infinité de raisons secondaires de peu d'importance. Ceux, au contraire, qui fauchent les blés, prétendent qu'ils coupent beaucoup plus ras, ce qui donne incontestablement plus de paille ; que les vans du blé sont meilleurs, soit parce qu'ils sont exempts de poussière, soit parce qu'il s'y mêle plus d'herbage ; qu'ils avancent plus de besogne ; enfin, que la paille étant coupée plus ras, nourrit mieux le grain au tas, etc. etc.

Nous dirons nous, que les uns et les autres sont fondés, et nous tenant toujours de pied ferme dans le juste milieu, nous pensons que lorsque les blés sont encore sur la couleur dorée, la grande faux a, sous tous les rapports, un très-grand avantage sur la faucille ; mais que lorsque les blés sont extrêmement secs, et qui ont été plus ou moins secoués par les vents, elle est pire qu'une grêle. En cas d'être retardé pour la moisson, il serait bon que chaque homme portât les deux instrumens à la fois ; mais il ne faut jamais que cela arrive à l'agriculteur prévoyant : de là, plus de faucille.

Nous concluons donc que si le propriétaire

coupe ses blés de bonne heure, il fait très-bien de se servir de la grande faux ; mais si, par malheur, il s'obstine à vouloir couper tard, et que les blés soient trop mûrs, il perd l'impossible. Qu'on coupe donc de bonne heure, et on s'en trouvera bien sous mille rapports.

Nous avons souvent remarqué, et nous nous sommes encore plus souvent convaincus, que les gerbes étaient presque toujours très-mal liées, ce qui, en gerboyant, fait perdre un temps considérable, nonobstant la perte du blé que l'on fait, surtout si le vent est fort : on ne saurait donc donner assez d'attention à cette partie du travail. Pour qu'une gerbe soit bien faite, il faut d'abord qu'elle ne soit ni trop grosse, ni trop petite, c'est-à-dire, qu'il faut qu'elle soit, comme tant d'autres choses, dans un bon juste milieu ; car si elle était généralement trop grosse, elle finirait par fatiguer les ouvriers, et on ne ferait pas pour cela plus de besogne ; si, au contraire, elle était trop petite, nul doute que les hommes ne s'en portassent mieux ; mais on perdrait beaucoup de travail, soit pour la faire, soit pour la mettre sur la charrette, soit enfin pour l'arranger au sol. Il faut encore que la gerbe soit bien serrée, ce qui ne peut se faire sans y donner quelques coups de genoux, n'oubliant pas, néanmoins, de tenir les poignets fermes ; cela manquant, les coups de genoux n'y feraient presque rien. Il faut aussi qu'elle soit liée, autant que possible, plutôt sur le bas que sur le haut. Ceci est encore très-essentiel ; car on verra souvent que toutes les gerbes qui sont liées presque sur l'épi, ne tiennent pas long-temps, ce qu'on verra très-rarement à celles qui le sont sur le bas, pourvu toute-fois que le tourbillon soit bien fait. Ceux qui d'ordinaire lient les gerbes sur l'épi, sont ceux qui veulent avancer besogne pour se soulager ; car il n'y a pas à se tromper, personne n'aime à lier sur le bas de la gerbe, parce qu'on prend plus de peine.

Il est beaucoup de personnes qui ne font pas du tout attention à la manière dont on arrange les tas ; cependant on a vu perdre, par un temps de pluie, une partie de la récolte, faute d'avoir pris ce soin ; nous osons avancer que c'est peut-être l'opération la plus essentielle. Pour bien faire les tas, il faut d'abord qu'ils ne soient placés que sur les sillons ; ils doivent être composés de quatorze gerbes, que l'on croise sur l'épi, et que l'on presse bien, afin que les vents ne puissent les déranger, ni la pluie y pénétrer ; on doit encore défendre de traîner les gerbes sur le chaume ; toujours quelque épi ou quelque grain se détache, et c'est autant de perdu pour le maître. Il faut prendre garde que si, lorsqu'on forme les tas, la terre est humide, il faut, dans deux ou trois jours, les changer de place ; et quand bien même la terre serait sèche, un bon agriculteur devrait toujours les changer, au moins une fois avant de gerboyer ; il empêcherait par là le ravage des souris et mulots. Si la pluie est entrée dans les tas, il faut attendre que le beau temps paraisse pour faire sécher la gerbe, et une fois la terre sèche, on en fait de nouveaux ; si, enfin, les vents font tomber des gerbes, il ne faut pas négliger de les replacer, soit pour que le soleil ne dévore pas les épis, soit pour se garantir de l'eau. Il va sans dire que les tas qui seront sur une luzerne nouvelle, doivent être changés souvent de place, pour empêcher que cette plante ne soit étouffée.

Il est très-rare qu'on laisse assez sécher la gerbe dans les champs ; aussi les chevaux ont beaucoup de peine à dépiquer ; mais, d'un autre côté, (pourvu néanmoins que la gerbe ne soit pas trop humide), le grain n'en est que plus plein et plus beau.

Pour la moisson de l'avoine, on suivra, à quelque chose près, tout ce qui est prescrit pour celle du blé, si ce n'est que les javelles doivent rester quelques jours dans les champs avant d'être liées, et que les tas doivent être faits avec les gerbes droites, et non couchées ; tout cela est fait pour que l'avoine devienne plus noire et plus pesante.

CHAPITRE X.

(Aout.)

Le mois d'Août est ordinairement l'époque où l'on charrie la gerbe au sol ; quelquefois (si l'année est précoce) c'est en Juillet ; il faut toujours, dans quelque époque que ce soit, bien faire cette opération. Les métayers en sont aussi à la troisième façon pour les terres à blé ; on transporte également les fumiers dans les champs ; enfin, on dépique le blé, l'avoine, et autres grains, s'il y en a.

Pour bien gerboyer, il faut premièrement que les charrettes soient bien en règle ; il faut étendre sur chacune d'elles une toile, afin que les grains de blé qui se détachent de l'épi, ne tombent à terre ; il faut, autant que possible, ne gerboyer que le matin et le soir, pour éviter l'ardeur du soleil ; il faut enfin, si la gerbe est trop sèche, la mouiller légèrement avec un balai, avant de la mettre sur la charrette. Cette dernière opération n'est guère pratiquée, quoiqu'étant d'une grande importance ; car il arrive souvent que les gerbes, étant chargées très-sèches, glissent, se délient, et tombent, en grande partie, à terre : c'est alors que le propriétaire perd beaucoup ; il perd d'abord son temps, qui, à cette époque, est très-précieux, et il perd beaucoup plus encore par le blé qui s'égrène.

Les propriétaires qui n'ont pas un hangar pour enfermer leur gerbe, la placent ordinairement à un côté du sol ; les uns la font mettre en un seul et même tas, si le blé est de la même qualité : on l'appelle vulgairement gerbière ; elle a la forme d'une barque. Les autres font plusieurs tas en forme de la bâtisse d'un moulin à vent, qu'on appelle aussi vulgairement gerbière ; ceux-ci font mieux que les autres, attendu que si la pluie survient pendant ces travaux, ils n'ont qu'un petit gerbier à finir d'arranger, tandis que ceux-là en ont un tas énorme : de là, la préférence aux gerbières. Et qu'on remarque encore que, lorsqu'à cette époque les eaux sont abondantes, la gerbe des gerbières n'aura presque pas souffert, tandis que celle de la gerbière serait quelquefois moitié pourrie. Mais quoique plusieurs agriculteurs aient une entière connaissance sur cet inconvénient, ils ne changent pas de système; ils veulent toujours une belle gerbière, et c'est bien ce que demandent les métayers, pour ne pas avoir autant de peine.

Puisque nous voyons tous les ans des gerbières partout, même chez les plus petits propriétaires, (car, soit dit en passant, ceux-là ont aussi le petit orgueil de vouloir imiter les gros), nous dirons qu'on ne doit jamais commencer la gerbière en entier; on doit, au contraire, la commencer à morceaux, la monter presque jusqu'au couronnement, en ayant la précaution de laisser une inclinaison du côté où l'on doit reprendre, afin de pouvoir allier les gerbes ensemble; de cette manière, la pluie ne peut jamais surprendre; on est toujours en mesure de s'en garantir dans un clin d'œil, ce qui ne serait pas de même si on avait la gerbière ouverte d'un bout à l'autre. Il ne faut pas oublier que du moment qu'on commence le second morceau de la gerbière, le premier doit être couronné, c'est-à-dire, entièrement fini, ainsi de suite, de morceau à morceau, jusqu'à ce que la gerbière soit terminée. Beaucoup de propriétaires sont encore dans l'usage de couronner leurs gerbières avec des gerbes droites. Sans doute que ce bouquet d'épis a un très-joli coup d'œil ; mais les poules et les pigeons y trouvent bien leur compte, et la pluie y entre très-facilement; il faut, au contraire, coucher les gerbes, et les placer de manière que les épis soient cachés, ce qui peut se faire aisément. On doit remplir les petits vides du couronnement, avec de la paille que l'on presse bien ; on plante aussi des piquets dans les gerbes, afin que le vent ne les fasse pas tomber, et on donne au couronnement, autant que possible, la forme du dos-d'âne. Mais pour être bien sûr que la pluie ne pourra jamais pénétrer dans la gerbière, il faudrait la couvrir d'une toile d'un bout à l'autre : la largeur ordinaire serait suffisante; on mettrait seulement des piquets de chaque côté de la gerbière, pour la faire tenir bien tendue. Avec dix cannes de toile ordinaire, on pourrait couvrir neuf à dix mille gerbes, ce qui ferait une dépense d'environ 25 fr.; et cette dépense serait faite pour trente ans et plus, si la toile était soignée. Nous avons l'espoir que cette méthode si simple, si facile et si peu coûteuse, sera adoptée et mise en usage par grand

nombre de nos concitoyens ; nous l'appelle-
rons, (hangar-volant.) La gerbe ainsi arran-
gée, on est sûr que quelque temps qu'il fasse,
elle ne risque rien ; on a encore l'avantage
que les volatiles n'y peuvent rien faire ;
et quant aux épis qui sortent à l'extérieur
de la gerbière, il faut les faire arracher au
moins jusqu'à hauteur d'homme, et mieux
encore partout.

La gerbière terminée, on doit la laisser
dans cet état pendant une douzaine de jours,
afin que les grains des gerbes , qui , aux tas
des champs, étaient exposés au soleil, puissent rattraper ce qu'ils ont perdu ; mais
quoiqu'on soit assuré que plus on restera
à dépiquer, plus le blé sera beau , il ne
faut pas pour cela attendre trop long-temps;
car si on ne profite pas du mois d'Août
pour dépiquer , on ne manque guère de
s'en repentir; sans doute que le mois de
Septembre est quelquefois beau , mais il ne
faut pas s'y fier.

Nous étions près d'oublier (tant cette
gerbe nous a donné du tracas) de dire un
mot sur le sol ou aire ; et quelques propriétaires tombent souvent dans le même défaut
que nous, car ils ne s'aperçoivent pas qu'ils

l'ont dans un très-mauvais état, si ce n'est au moment où ils veulent dépiquer. S'ils avaient profité des pluies de Juin ou Juillet, ils auraient pu, ce nous semble, couper les herbes, applanir le sol, et le rendre aussi uni que possible; mais rien n'est fait, et, bon gré malgré, on veut dépiquer, au risque d'avoir le blé rempli de mottes de terre et de petit gravier. Attendez, agriculteur imprudent, on peut encore faiblement remédier au mal. Qu'on commence d'abord de couper l'herbage, qu'on applanisse bien le terrain, que le haras batte dessus; jetez de l'eau en abondance, laissez à demi sécher la superficie, frappez avec la bêche jusqu'à ce que le sol soit uni comme une glace, couvrez-le partout du van du blé, et demain matin vous dépiquerez.

Nous ne finirons pas de parler du sol, sans dire que plusieurs personnes le tiennent dans un très-mauvais état : certaines y font de récolte tous les ans, et ne se donnent pas même le soin d'applanir la terre lorsqu'elle est semée et labourée; d'autres laissent la terre telle qu'elle se trouve par sa nature; y eût-il du gravier à l'infini, n'importe, leurs ancêtres s'en sont servis, et ils ont vécu !....

Pour avoir un sol en bon état , il faut , premièrement , qu'il soit assez vaste pour la gerbe qu'on veut dépiquer par jour ; il faut qu'il soit un peu convexe , afin que s'il tombe de l'eau , elle puisse s'en aller ; on doit le couvrir d'une couche de terre glaise d'environ six pouces d'épaisseur , et on ne doit pas y faire porter de récolte.

Voilà donc notre sol prêt , il faut dépiquer de suite. Oh ! doucement ; dites-nous plutôt si c'est avec le haras , ou avec le rouleau ; car cette grande machine a déjà beaucoup de partisans , et nous sommes de leur parti , jusqu'à ce qu'on prouve le contraire de ce que nous allons avancer. Vous dites donc que c'est avec le rouleau que vous êtes dans l'usage de dépiquer ; tant mieux , tenez-vous en là , et foulez votre sol !.... Quelle économie n'y a-t-il pas , en effet , de dépiquer ainsi ? On fait d'abord une forte épargne sur le fourrage et sur l'avoine ; on est encore sûr qu'il ne reste pas un grain de blé parmi la paille ; on n'est pas sujet à perdre autant de chevaux. Les bœufs mangent mieux la paille , parce qu'elle est plus longue et plus molle ; le maître n'a plus à souffrir que telle ou telle bête du haras ne veut pas aller, (et une seule dérange tout); il ne voit plus que telle autre a perdu un œil ou un jambe; enfin, que telle autre est morte, ou prête à mourir; et puis, que sont ces pauvres bêtes lorsqu'elles ont fini de dépiquer? Telle qui avant valait plus de dix louis, n'en vaut plus que cinq lorsqu'elle a fait sa terrible campagne!.... Voyez aussi comme le maître est content! il lui tarde de se lever du lit, pour monter sur le siége du rouleau; tantôt il fait claquer le fouet en signe de joie, tantôt il appelle son coco et son favori; voire encore, de fredonner quelque vieille romance : oh! qu'il est heureux en ce moment!...

Cependant nous dirons, avant de finir, que le seul inconvénient que nous trouvons en dépiquant au rouleau, est celui où une averse de pluie aurait lieu pendant le travail. La paille ayant une grande étendue, est bientôt toute mouillée; ce qui n'arrive pas en dépiquant avec le haras, parce qu'elle est plus épaisse, et conséquemment plutôt ramassée, ainsi que le blé qui s'y trouve dessous; mais il ne faut pas que cet inconvénient arrête ceux qui dépiquent, ou qui auraient intention de dépiquer au rouleau;

les grands avantages qu'il y a sont inappré-
ciables. Nous étant donc prononcé définitivement en faveur du rouleau, il est fort
inutile que nous dissertions sur la manière
ou les principes de dépiquer avec le haras;
nous espérons même que, dans quelques
années, tous les gros propriétaires auront
adopté ce nouveau système : les petits artisans
ne se feront plus attendre, parce que cette
machine coûte trop pour eux, et que, d'un
autre côté, il faut une aire très-vaste, ce
que la plupart d'entre eux n'ont pas.

Pendant que le rouleau va son grand train,
ne perdons pas de vue que nos métayers sont
occupés à donner la troisième façon aux
terres à blé, et à charrier les fumiers aux
champs; n'oublions pas non plus qu'ils ne
doivent pas labourer avec l'humidité, surtout
aux deux dernières façons; et si, par cas, les
terres se trouvaient trop humides, on fait
labourer les chaumes, et toujours de préférence, et les premières, les pièces où il y a plus
d'herbage. Le bon agriculteur devrait chaque
année et de suite après avoir moissonné,
faire labourer tous les ratoubles ou chaume;
une fois la première façon donnée, il devrait
en faire donner une seconde à la partie des

terres qu'il doit livrer aux moissonneurs
pour y faire du millet ; mais à cette seconde
façon, on ne doit former que des sillons
propres à laisser la terre prête à défoncer
avec la bêche. Sans doute que les moissonneurs aiment mieux pelleverser que défoncer,
cela se conçoit aisément ; mais les journées
qu'ils y mettraient de plus seraient amplement
compensées par la plus grande quantité
de millet, et le maître y gagnerait de deux
côtés ; il aurait aussi pour sa part plus de
millet, et aurait le précieux avantage d'avoir
ses terres bien travaillées. Il ne faut pas
croire, pour cela, qu'il faille se déranger
de travailler les terres de labeur à blé ; si
elles ne sont pas molles, il faut continuer
sans relâche ; car plutôt les quatre façons
seront données, plus on est sûr d'avoir une
belle récolte ; et si, parfois, l'on va labourer
les chaumes, ce n'est que parce que la pluie
empêche de travailler au labeur du blé.
Nous conseillons donc de ne plus faire pelleverser les moissonneurs ; il faut, au contraire,
qu'ils défoncent à la bêche ; on pourrait
même en faire faire quelque peu aux maîtres-
valets ; au lieu de dormir dans l'hiver, ils
s'occuperaient, comme les moissonneurs, à
ce genre de travail.

Il faut faire attention à ce que le fumier qui est porté aux champs, soit bien éparpillé, surtout s'il est porté à la troisième ou à la dernière façon des terres à blé. Ordinairement, si le maître n'y tient l'œil, cette opération se fait très-mal, et porte un préjudice notable à la récolte ; car la plante qui a trop de fumier, souffre autant que celle qui n'en a pas du tout.

Il est temps de revenir à notre sol, pour contempler, encore quelques jours, notre instrument de prédilection. Nous avons dit, ce nous semble, la manière de faire la gerbière ; et si chaque métairie avait un hangar, nous n'en aurions pas même parlé ; mais puisqu'il en est autrement, nous sommes encore forcés de démontrer la manière de faire les tas de paille, (vulgairement appelés paillers.) Il faut construire un pailler au bout de celui qui est en fourrage ; une fois arrivé à la hauteur de celui-ci, on fait tomber la paille qu'on y avait placée dessus pour le garantir de l'eau ; en sorte que la superficie du fourrage, avec celle de la paille des deux bouts, se trouve de niveau, et ne fasse tout ensemble qu'un corps de pailler ; on continue de bâtir sur tout l'ensemble, jusqu'à

ce qu'il soit fini ; de cette manière, le fourrage se trouvera au milieu, et aura, pour
le moins, deux cannes d'épaisseur en paille
sur lui ; on est assuré qu'il est beaucoup
mieux qu'en grange. Une fois le pailler ter-
miné, on le laissera tasser de lui-même pendant huit à dix jours, et ensuite on l'enduira
de boue par-dessus ; mais il faut que cette
couche soit assez épaisse, et qu'elle descende
assez bas, sinon la pluie entrera. On doit
encore tailler le fourrage de chaque côté ;
cet enfoncement doit être pour le moins de
six pouces : ceci est pour garantir le fourrage
de l'eau qui descend du pailler.

Les dépiquaisons étant finies, si le temps
est propice, on vanne ordinairement, sans
précaution, le blé. Nous observons à ce sujet,
qu'autant qu'on le pourra, on ne doit jamais
vanner avec le vent d'autan ; ce vent étant
presque toujours trop fort, ne soufflant
que par bonds, emporte beaucoup de blé
dans la paille : il faut choisir un bon vent
de cers bien uni.

Avant de terminer ce chapitre, nous
observerons que, quoique certains propriétaires n'aient pas les moyens de pouvoir
faire construire un hangar sur leurs domaines,

ils devraient, de toute nécessité, se ménager un petit réduit pour enfermer chaque soir le blé du sol ; c'est un objet très-utile et fort essentiel, sous beaucoup de rapports.

CHAPITRE XI.

(Septembre.)

C'est alors qu'on coupe ordinairement les crêtes du millet, qu'on fait recurer les fossés du labour à blé, que les transports ont lieu, et que l'on donne la quatrième façon aux terres. Quoique ces diverses opérations aient lieu quelquefois en Août, cela ne change rien aux remarques que nous allons faire.

Qu'on fasse en sorte de ne pas couper les crêtes du millet toutes à la fois; en opérant ainsi, on risque de tout perdre si les pluies sont abondantes; il faut, au contraire, ne les couper que peu à peu, et par intervalles. On fait ordinairement trois coupes; mais le temps dérange quelquefois cette marche, et on en fait plus ou moins.

Généralement partout, on coupe les crêtes du millet trop haut, et par là on perd beaucoup de fourrage. Ce travail n'est ordinairement fait que par des femmes ou des enfans, qui, la plupart, en laissent une grande partie d'éparpillée çà et là. Les tas sont également très-mal ; car ils sont d'ordinaire fort hérissés, au lieu d'être lissés et unis. Lorsqu'on connaîtra que les crêtes seront assez sèches pour être enfermées, on les fera ramasser le matin avant le lever du soleil, et si la rosée de la nuit était trop forte, on attendrait que le soleil en eût séché une partie ; mais qu'on fasse attention de ne pas trop attendre, parce que les feuilles seraient brisées, et on perdrait ce qu'il y a de meilleur.

Ceux qui n'ont pas de local pour enfermer les crêtes, doivent en faire des tas au sol ; ils doivent être de la même forme que les gerbières, avec la différence qu'on doit planter une poutre dans la terre, et arranger les crêtes tout autour ; arrivée à la hauteur de de la poutre, on la couvre de paille ou de jonc, en forme de calotte, et ensuite lorsque le tout s'est de lui-même bien tassé, on l'enduit d'une boue de glaise, afin que les eaux n'y puissent pénétrer. Quelques particuliers, sans doute pour avoir plutôt fait, font tout simplement un pailler de leurs crêtes ; ceux-là font mal leur besogne, et nous soutenons que le fourrage se gâtera par le défaut d'air ;

car il ne faut pas croire qu'il pénètre autant dans un carré épais, que dans une forme ronde. — Nous avertirons, avant de terminer l'article, que, pour connaître si les crêtes du millet sont assez sèches, il faut les tordre dans les mains, et s'il n'en jaillit pas de jus, on peut les enfermer ou entasser sans crainte ; cependant, par un dernier avis, nous engageons nos confrères à ne rien enfermer (pour ce qui concerne le fourrage) qui ne soit bien sec ; et on doit savoir qu'il y a une grande différence du fourrage que l'on enferme, d'avec celui qu'on laisse dehors. Quand bien même celui-ci ne serait pas tout-à-fait sec, l'air y pénétrant dans tous les sens, empêche qu'il ne se gâte entièrement ; ce n'est pas de même chez l'autre. Si nous nous sommes autant étendus sur les crêtes du millet, c'est que nous voyons qu'il est rare qu'on soigne ce fourrage ; et cependant c'est une grande ressource pour les bœufs, surtout dans un pays où les fourrages sont rares, et bien certainement nous n'en avons pas de reste.

Les moissonneurs ayant fini les travaux du sol, vont ensuite travailler au recurement des fossés du labeur à blé ; les uns travaillent à forfait, les autres à la journée. Nous sommes fort embarrassés pour décider quels sont les propriétaires qui font mieux, attendu que presque tous les moissonneurs font, dans l'un et l'autre cas, très-mal ces travaux. Ceux qui sont à tant la canne, ne cherchant que leur propre intérêt, en font beaucoup, mais ils ne font rien qui vaille ; les autres, qui sont à la journée, ne font presque rien, et souvent le peu qu'ils font ne vaut guère plus. Comment faut-il donc faire pour avoir un travail passablement bien fait ? Il faut d'abord ne donner le recurement des fossés qu'à la journée ; garder les ouvriers à vue, ou les visiter très-souvent, et remarquer avec attention le plus ou le moins de terre qu'on aura montée sur le champ, sans oublier de mesurer chaque jour la longueur du fossé qu'on aura parcouru ; mais encore, si les fossés sont très-profonds, on saura qu'on ne peut pas avancer autant le travail.

De tous les transports de terre que l'on fait dans le courant de l'année, les meilleurs sont ceux que l'on fait dans l'été et l'automne ; on est sûr qu'à cette époque la terre n'est point gâtée par l'humidité, et qu'on fait beaucoup de besogne, soit par rapport à la longueur des jours, soit à cause des grosses mottes qu'on lève. On laisse ordinairement à ces sortes de transports, les débris sur place ; de façon que les côtés du champ en valent mieux, et portent de plus belles récoltes que ceux sur lesquels on n'a rien laissé. Ces travaux peuvent se faire aussi, comme les autres, avec des brouettes, tombereaux, et même des civières ; mais cette dernière manière d'opérer est plus coûteuse, parce qu'il faut deux hommes pour transporter la terre, tandis qu'il n'en faut qu'un à la brouette. Ordinairement ces sortes de transports ne se font qu'avec des tombereaux ; il paraît même que c'est plus économique, pourvu néanmoins qu'on ait deux tombereaux, et les hommes qu'il faut pour arracher et charger la terre ; il en faut ordinairement sept, y compris le conducteur des chevaux ; mais le plus ou moins dépend, en grande partie, de la longueur ou de la proximité du transport.

Nous voici arrivés à la quatrième et dernière façon qu'on donne ordinairement aux terres que l'on destine pour porter du blé ; prenons bien garde que cette façon ne soit pas faite avec l'humidité. Pour si peu que la terre soit fraîche, abstenons-nous de la labourer ; car si, par malheur, on s'obstine à vouloir continuer, on gâte tout, et l'on est presque sûr d'avoir les blés remplis d'herbage, et principalement de coquelicot si la terre est légère. Quelques personnes croient qu'il est bon de labourer les terres à blé jusqu'auprès des semailles, et celles-là se trouvent d'ordinaire retardées pour les façons : nous dirons, nous, qu'elles sont dans une grande erreur ; car, passé le mois de Septembre, les façons qu'on donne sont plutôt nuisibles que bonnes, surtout si la terre est molle. Il vaut toujours bien mieux jeter le blé sur une troisième façon, que sur une quatrième faite tard et avec l'humidité.

Le mois de Septembre étant passé, quand bien même on aurait quelques pièces de terre remplies d'herbage, n'y touchez plus, à moins que la terre ne soit bien sèche ; et, dans ce cas, on doit labourer très-finiment pour la faire sauter en entier ; au cas contraire, n'oublions pas ce que nous avons prescrit au chapitre premier, page 9.

CHAPITRE XII.

(Octobre.)

Les premiers jours du mois d'Octobre sont ordinairement employés à transporter les terres du recurement des fossés, au milieu des champs, et principalement aux endroits que l'on sait être les plus aquatiques; ces travaux se font avec des civières, ou brouettes, ou tombereaux : certains propriétaires font seulement jeter cette terre quelques pas en avant de la pièce; mais nous n'approuvons pas leur besogne, à moins que les côtés n'aient été dégarnis pour quelque transport. On coupe aussi les millets des moissonneurs et maîtres-valets; enfin, on vendange.

Comme, ce nous semble, nous avons déjà dit que les millets des métayers et moissonneurs se partagent avec le maître par égales portions, il est bon de dire ici que ce partage n'a lieu qu'au sol, et lorsque l'épi du millet est dégagé de son enveloppe. Ces travaux sont à la charge des métayers et moissonneurs ; cependant quelques propriétaires ont résolu de changer cette ancienne habitude, et veulent, à l'avenir, partager les millets sur pied ; et voici de quelle manière ce partage aura lieu : lorsque les millets seront mûrs, les ouvriers en feront le partage, et le maître choisira ; on transportera premièrement, au sol, toutes les portions qu'il aura choisies, et ensuite il fera ôter les épis de l'enveloppe, à ses frais et dépens ; mais aucune portion des métayers ou moissonneurs ne sera transportée au sol, que tout le millet du maître ne soit enfermé dans ses greniers. Nous pensons que ces gens-là s'empresseront d'engager leurs maîtres à suivre cette marche, vu le profit qui en résulte pour eux ; et si quelqu'un d'entre eux avait la moindre répugnance pour adopter ce nouveau système, il y aurait de quoi penser !...

Nous avons oublié de recommander de faire couper les millets très-ras de terre ; ordinairement on les coupe très haut, parce qu'on brûle ces tronçons en temps d'hiver : c'est une perte assez considérable pour l'agriculteur qui tient à faire de fumier.

Nous dirons peu de chose sur les vendanges, car c'est un travail très-facile à exécuter ; nous recommandons simplement de faire attention qu'on ne laisse pas de raisins aux souches , qu'on ramasse bien les grains qui tombent à terre , qu'on ôte les grains pourris ou trop terreux ; enfin , qu'on fasse attention de ne pas laisser des feuilles vertes ou sèches parmi la vendange.

Nous finissons le dernier chapitre , en observant que les pailles du millet doivent être arrangées au sol , comme les crêtes. Voyez chapitre XI , page 87.

Ayant promis au commencement de ce petit ouvrage , de donner quelques remarques sur l'agriculture , nous allons faire en sorte de remplir notre tâche ; et nous commencerons d'abord par annoncer que les quatre points principaux de cette science , sont , 1.º de garantir les terres de l'eau ou de l'humidité ; 2.º de les bien travailler en temps opportun ; 3.º de faire beaucoup de fumier ; 4.º de semer beaucoup de luzerne sur des terres bien fumées et bien préparées : moyennant qu'on exécute ponctuellement ces quatre opérations , on est sûr d'être dans les bonnes voies ; tout le reste , quoique cependant fort nécessaire , n'est qu'accessoire.

Les propriétaires qui ont leurs domaines composés, en grande partie, de terres légères, ne peuvent, sans contredit, espérer d'aussi belles récoltes en blé, que ceux qui ont de bons fonds : si cependant ces domaines étaient bien administrés, c'est-à-dire, qu'on n'y fît pas autant de blé, on verrait que, tout compté, ils rapporteraient presque autant que les autres ; mais cette manie de vouloir faire beaucoup de blé, sans avoir égard à la qualité des terres que l'on possède, porte à certains agriculteurs un très-grand préjudice.

Pour avoir de beaux blés sur un terrain faible, il faut que la pièce où l'on veut en semer, n'en ait point eu depuis trois ans, et qu'elle ait été tréchampée, ou bien qu'elle ait porté trois années de la luzerne ; car, malgré qu'on attende trois années, si cette terre a porté souvent du blé, qu'on ne s'attende pas à une belle récolte. Il faut donc faire peu de blé ; mais, d'un autre côté, on fait beaucoup de millet, d'avoine et de luzerne ; de cette manière, on est sûr de tenir toujours la métairie en bon état, et d'avoir presque autant de revenu que tout autre propriétaire. Sans doute qu'on ne dit presque jamais: Telle ou telle métairie a porté, cette année, tant de comportes de millet, tant de sacs d'avoine et tant de charretées de fourrage; nous savons que le blé est toujours en première ligne, et que si une métairie n'en porte pas beaucoup, elle ne vaut rien. Nous dirons à ceux qui tiennent ce langage, qu'ils sont souvent dans l'erreur; et qu'importe, en effet, que le revenu d'une campagne vienne d'un côté ou de l'autre, pourvu qu'il vienne? Heureux l'agriculteur qui sait tirer parti de ses terres, sans les affaiblir!

Pour bien administrer une campagne où les terres sont légères et sablonneuses, il faut, premièrement, se bien garder de les laisser travailler avec l'humidité; car on ne pourra jamais apprécier le préjudice qu'on se porte en les laissant remuer ainsi; il faut encore qu'elles ne soient pas remuées trop profondément. Nous en avons vu qui ont été gâtées pour plus de vingt ans; aussi nous recommandons très-expressément de ne point faire défoncer à deux pointes; on pourrait cependant, aux pièces qui ont un peu plus de corps, les faire défoncer à la bêche; mais, crainte de se tromper, on doit commencer

en petit, et si l'on voit que la terre n'en
souffre pas, on continue, mais toujours avec
une grande précaution. Nous ajouterons que
les terres légères demandent, en général,
d'être fumées souvent, mais peu, car une
forte fumée leur porte souvent préjudice.

Suivant les remarques que nous avons
faites, nous nous sommes aperçu qu'un
grand nombre d'agriculteurs ne font pas assez
de luzernes. Quelques-uns nous diront que
nous nous trompons, et que chaque année
ils en jettent à foison, mais qu'ils ne sont
pas heureux ; que, malgré toutes leurs précautions à ce sujet, ils ne récoltent presque
rien. Nous le croyons ; mais nous demanderons à ces propriétaires, si cette graine de
luzerne a été semée sur une terre bien fumée
et bien préparée ; si cette même terre était
ou non sujette à garder l'eau dans son sein ;
si on a pris toutes les précautions qu'il faut
pour la bien semer ; si le bétail n'y a pas
été paître étant toute jeune ; si, après avoir
fauché, les jumens du haras n'y ont pas été
paître jusqu'au mois de Décembre, et quelquefois plus long-temps, (nous ne parlons pas
des brebis ni des cochons, ce serait supposer
un crime) ; et lorsque ces propriétaires

auront répondu à toutes nos questions, nous saurons alors à quoi nous en tenir. Sans doute que les terres-fort ne sont généralement guère propres à donner de beaux fourrages de luzerne ; cependant nous soutenons qu'à force de soin, on parvient à d'assez heureux résultats ; c'est une expérience que nous avons eu occasion d'exécuter plusieurs fois : mais, nous ne cesserons de le dire, tout dépend du soin et de l'à propos dans tout ce que l'homme se propose de faire !...

On est généralement dans l'usage, lorsque les luzernes sont frêles, ou qu'on n'en fait pas assez, de faire des vesces noires, mêlées avec de l'avoine ou du blé, pour avoir du fourrage. A la vérité, il est très-bon, surtout pour les bœufs ; quoi qu'il en soit, nous conseillons de ne faire de ce fourrage qu'à la dernière nécessité ; la terre qui l'a porté ne donne ordinairement que des blés fort pauvres : si, surtout, on a laissé trop mûrir les vesces sur pied, on y voit encore beaucoup d'herbage.

On fait encore beaucoup d'autres espèces de fourrages, comme farrouch, trèfle, lauzarde, etc. (luzerne) ; mais tous ces fourrages, pour si vantés qu'ils soient, ne valent pas le sainfoin, vulgairement appelé luzerne ou esparcette. Ce dernier a, pour une infinité de raisons, l'avantage sur tous les autres : il est d'abord très-sain pour le bétail, et ne donne guère d'indigestions ; il réussit mieux, et améliore beaucoup les terres. Sans doute que la lauzarde serait préférable par la plus grande production qu'elle donne, puisqu'on peut en faire quelquefois trois à quatre coupes dans l'année ; mais avons-nous dans ce pays-ci des terres propices pour cette plante ? D'après ce que nous avons, et ce que nous voyons encore tous les jours, nous ne le pensons pas ; nul doute qu'il n'y ait quelque petit morceau de terre près les métairies, où cette plante ferait bien pendant quelque temps ; mais y en a-t-il assez pour nourrir tout le bétail ? Et puis, les poules ne sont-elles pas encore là pour la dévorer ? Ne quittons donc pas de faire de la luzerne ; car l'agriculteur qui voudra s'en éloigner, ne tardera guère à s'en repentir !... Nous finissons par soutenir que la luzerne est l'âme d'une propriété !...

Quelques agriculteurs se trouvent bien, disent-ils, de faire beaucoup d'avoine, et ils prétendent que cela leur rapporte beaucoup plus que le millet. Nous le croyons, parce que l'avoine est toute pour eux, tandis qu'ils n'ont que la moitié du millet; croient-ils, de bonne foi, que leurs champs soient en bon état? Et pensent-ils que les blés qui seront récoltés sur les terres qui ont porté l'avoine, soient aussi beaux que sur celles qui ont le millet? S'ils le croient, nous sommes forcés de leur dire qu'ils sont dans l'erreur; et s'il en était ainsi, tous les propriétaires ne feraient plus de millet, et pour avoir plus de revenu, on ne semerait que d'avoine; mais nous sommes forcés, malgré nous, de semer une plante qui, certainement, ne nous porte pas grand profit par elle-même; car, comment ferons-nous pour purger nos terres de l'herbage, et notamment de la folle-avoine? Sera-ce en faisant souvent d'avoine, de vesces, de pois, de haricots, de lentilles, et autres semblables vilenies? Non, sans doute, rien de tel que le millet pour purger les terres.

La folle-avoine est une plante très-nuisible aux propriétaires; c'est ce qu'on entend dire et répéter depuis bien long-temps; nous disons, au contraire, que quelquefois elle est utile à quelques personnes. En effet, quand est-ce qu'on s'arrêterait de faire du blé, si cette maudite plante ne venait l'empêcher ? Sans elle, grand nombre de propriétés seraient bientôt épuisées, et ne pourraient porter plus rien ; nous avons vu souvent de semblables cas ; aussi répétons-nous que la folle-avoine survient très à propos, pour faire rentrer certains propriétaires dans la bonne voie. Pour bien purger les terres de la folle-avoine, il faut y faire deux années consécutives de millet, et la troisième, mener par guéret d'été. En suivant cette marche, on est sûr qu'elle sera entièrement extirpée ; mais, dira-t-on, comment faire aux terres qui ne peuvent point porter du millet ? sera-t-on forcé de laisser perpétuer la folle-avoine à l'infini ? Non, sans doute ; on peut y faire des fèves pendant deux années de suite, et laisser reposer la troisième ; mais il faut les faire à gros sillons, afin de pouvoir sarcler plus aisément. Nous pensons que la folle-avoine disparaîtra, et si nous choisissons cette plante de préférence, c'est que les fèves n'épuisent pas autant la terre que beaucoup d'autres. Mais alors, objectera-t-on encore, pourquoi ne pas faire de fèves à la place du millet, puisqu'elles donnent ou procurent le même résultat ? Il paraît que le maître aurait plus de profit, sans doute, si la récolte des fèves était aussi sûre que celle du millet ; mais combien de fois a-t-on vu une belle récolte de fèves ? Sur l'espace de dix années, on en verra tout au plus deux ou trois, tandis qu'on en verra sept à huit de millet ; et puis, ne sait-on pas encore que le millet est la principale nourriture de nos paysans, et que nous devons chercher à les faire vivre ?...

Après avoir démontré la manière d'extirper la folle-avoine, nous allons indiquer celle qu'il faut pratiquer pour détruire le chiendent. Lorsqu'on aura des terres où cette mauvaise plante y sera enracinée, on doit, principalement dans les fortes chaleurs, y faire passer la charrue très-souvent, en ayant soin d'avoir des femmes pour suivre les laboureurs à chaque raie qu'ils feront : elles seront munies chacune d'un panier pour y mettre le chiendent, qu'elles ramasseront, et l'emporteront ensuite hors du champ : il faut que cette opération ait lieu à chaque façon qu'on donnera. Il est très-rare qu'à la première année, le chiendent puisse être entièrement détruit ; mais on est presque sûr que lorsqu'on reviendra sur cette même terre, le peu qui restera disparaîtra en entier; il faut donc toujours suivre les mêmes principes.

Nous dirons, avant de finir, que les propriétaires feraient bien de faire arracher, dès avoir coupé les blés, tous les chardons qui se trouvent dans les chaumes. Ces plantes sont connues dans ce pays-ci sous le nom (d'aouriolos.) Il est des années où les champs en sont pleins, et la terre porte, sans contredit, une seconde récolte. Pour faire cette opération, on doit attendre de pluie, (si la terre se trouve sèche), et une fois arrivée, on loue des femmes et des enfans; on en trouve quelquefois qui ne demandent pour leur salaire que les chardons qu'ils arrachent; mais ceci dépend de la volonté du maître. Au cas où la pluie se ferait trop attendre, on doit se décider à les faire faucher; le plutôt qu'on délivre la terre de ces hydres dévorans, n'est que mieux. Il faut aussi faire arracher toutes celles qui se trouvent dans les fossés de l'entière propriété; cela fait, on les transporte de suite à la métairie; car si on les laissait sécher dans les champs, elles s'égrèneraient, et reparaîtraient plus tard.

Avant de parler des cabaux, nous donne-
rons quelques idées sur la manière de former
les écuries. Il faut d'abord qu'elles soient
assez vastes, bien aérées, et surtout très-
propres; il faut encore faire attention que
les murs, et principalement ceux où les
rateliers sont adaptés, ne soient ni humides,
ni salpêtreux; la tête des animaux, pompant
jour et nuit cette fraîcheur, est par la suite
chargée d'humeurs malfaisantes, qui finissent le plus souvent, et presque toujours,
pour emporter la vue. Les murs exposés au
couchant sont presque toujours humides et
froids; il faut donc se bien garder d'y placer
des rateliers, surtout pour des chevaux.

Un bon agriculteur devrait avoir pour le
moins quatre écuries plus ou moins vastes,
et suivant le nombre de bêtes qu'il peut ou
veut tenir. La première doit être pour les
bœufs, la seconde pour le haras, la troisième
pour les chevaux du rouleau, et enfin la
quatrième pour les jumens poulinières; il
faut que toujours ces quatre écuries soient
bien séparées, afin que les cabaux ne puissent
jamais se mêler ensemble. Beaucoup de propriétaires tiennent encore d'autre bétail,
comme vaches à lait, vaches pour porter,

brebis, moutons, cochons, etc. Sans doute
que, par ce moyen, on fait beaucoup de
fumier; mais, d'un autre côté, il faut beaucoup de monde pour soigner toutes ces
bêtes, et il faut encore une énorme quantité
de vivres; et qu'on remarque que plus il y
a de bétail, moins il peut être soigné, (sauf
cependant celui qui porte quelque gain au
métayer.) Celui-là est ordinairement nourri
du meilleur fourrage, et on en donne à foison, tandis que celui qui ne porte aucune
rétribution à ces gens-là, n'a pas souvent de
paille pour manger. On pourrait cependant
remédier, en partie, à ces inconvéniens, et
voici ce qu'il faudrait faire. Au lieu de tenir
un haras uniquement pour dépiquer, on
n'en tient pas; on met à sa place quelques
poulains ou pouliches, ou même encore, si
l'on veut, des mules ou mulets; on doit les
acheter de l'âge d'un à deux ans, si c'est des
poulains ou pouliches, et de six mois à un
an si c'est des mules ou mulets. On peut
acheter quatre bêtes par paire de labourage;
mais le plus ou le moins dépend, en grande
partie, du fourrage qu'on peut avoir; on
tient encore deux bonnes et fortes jumens
poulinières, qu'on a soin de choisir de la

bonne espèce, et qu'on fait saillir par de beaux étalons. Cela fait, on loue un homme exprès pour soigner ces bêtes pendant toute l'année, et pour l'engager à les bien soigner, on lui donne le tiers du bénéfice qu'on pourra y faire ; mais il faut que le maître fasse l'avance de l'argent, et si ce capital venait à diminuer par quelque cause que ce fût, le maître ne serait que pour deux tiers de perte, et le domestique pour un tiers. Tous les frais quelconques qui auraient eu lieu par rapport à ces bêtes, seraient également supportés dans la même proportion, sauf cependant la nourriture de toute espèce que le maître est chargé de fournir ; aussi il a le fumier pour lui. Si cependant le maître voyait, par la suite, que cet homme n'a pas assez pour vivre, il pourrait lui donner quelques jointes de terre de millet, ou bien partager le bénéfice par égales portions ; mais tout ceci ne sont que des suppositions, car nous soumettons volontiers ces cas à la discrétion des maîtres, et nous pensons que si le domestique s'acquitte de son devoir, il n'y perdra jamais rien. Nous finissons cet article, en observant qu'il faut que le fourrage qu'on destine à ces jeunes bêtes, ainsi qu'aux jumens poulinières, soit séparé de celui qui appartient aux bœufs et chevaux du rouleau ; si on ne prenait pas ces précautions, tout irait bien mal.

Une infinité de propriétaires vont eux-mêmes, suivis de leur maître-valet, acheter des bœufs pour le labourage; ils fréquentent, pour cela, grand nombre de foires pour pouvoir s'arranger au mieux possible. Jusque là ils font bien ; mais la majeure partie de ces propriétaires s'y connaissent-ils assez pour ne pas être trompés? Mais le bourat est toujours à leurs trousses ; avec l'appui d'un tel homme, on peut acheter les yeux fermés. Bref, on finit par acheter sans condition aucune, sauf les cas rédhibitoires ; et comment faire des réserves avec un si brave homme ? C'est une ancienne connaissance du bourat ; ils ont été diner ensemble , et rien n'a été épargné, pas même la blanquette de Limoux. Qu'a-t-on à faire maintenant , si ce n'est de s'empresser d'emmener au plus vite la paire de bœufs? Ce qui fut dit fut fait. La voilà arrivée à son nouveau logis. Comme de coutume, il tardait au maître que le jour fût venu pour aller à sa campagne visiter et essayer sa nouvelle emplète; mais quel fut son

étonnement, en s'apercevant, d'abord, que
le bœuf gauche était borgne de l'œil droit,
et avait encore une forte tumeur aux testicu-
les ? Quant au droitier, il n'y trouva point
de défaut, quoiqu'il en eût un des plus
marquans : on s'empresse de les essayer, et
voilà notre droitier qui ne veut pas faire un
seul pas en avant ; on l'examine de nouveau,
et finalement on trouve qu'il a un gros nerf
au milieu du front, qui l'empêche de
traîner la moindre chose. Qu'y faire ! qu'y
faire ! étaient les expressions réitérées de ce
bon maître, et il en fut quitte pour en acheter
une autre paire. Il va sans dire qu'il perdit
beaucoup sur la première ; mais au second
achat, il se ravisa, et voici, en peu de mots,
comme il s'y prit. Lorsqu'il voyait en foire,
ou partout ailleurs, une paire de bœufs qui
lui plaisaient, il les achetait, avec réserve
de les garder une quinzaine de jours chez
lui pour les essayer, et les faire examiner
par des personnes à ce connaissant. Les
quinze jours expirés, il payait les bœufs, ou
les rendait, suivant qu'ils allaient bien ou
mal. Il est prétendu que depuis que ce propriétaire suit cette marche, il s'en trouve
très-bien, sauf qu'il est obligé de les payer

un peu plus cher ; mais il sait de longue date, que la bonne marchandise se paie toujours bien.

Quoique nos connaissances et nos lumières ne soient pas fort étendues pour donner d'amples renseignemens pour la bonne ou mauvaise qualité des bœufs, nous en dirons pourtant quelque chose.

Les bœufs, de quelque pays qu'ils viennent, sont bons ou mauvais ; cependant il est certain que tel ou tel autre pays donne, en général, des bœufs plus ou moins bons : par exemple, les bœufs de la montagne Noire, et ceux des environs de Tarascon (Pyrénées), sont de meilleure qualité que ceux qui viennent de la Gascogne. Nul doute qu'il n'y ait dans ce pays des contrées où il y a de très-bons bœufs ; mais, en général, ils sont mous et trop grands ; aussi nous conseillons d'en acheter le moins qu'on pourra ; et si on est forcé d'en avoir, parce qu'on trouve les autres trop petits, qu'on n'achète jamais les plus grands ; il faut, au contraire, donner la préférence à ceux qui sont d'une plus basse taille, plus ramassés, et qu'ils n'ont pas le poil trop grossier. Quant à la couleur, cela dépend du goût d'un chacun ; car nous pensons, quoi qu'on en dise, que dans toutes les couleurs possibles, il s'y trouve du bon et du mauvais ; et si on était convaincu et qu'il fût vrai que telle ou telle robe ne donne que de très-bons bœufs, nous osons presque croire que les maquignons chercheraient tous les moyens possibles pour la donner aux bœufs qu'ils veulent vendre, parce qu'ils seraient sûrs de les vendre beaucoup plus cher.

Ce qu'il y a de plus essentiel à remarquer aux bœufs, ce sont les pieds et la tête. Si les pieds sont trop larges et gros, ne les achetez pas ; car lorsque la sécheresse se fera sentir, et qu'il y aura beaucoup de mottes dans les champs, ils ne pourront plus marcher. Si l'on trouve une excroissance au front, et qu'elle descende très-bien, ou que la naissance des cornes soit en arrière de la tête, ne les achetez pas non plus ; il est très-rare que ces bœufs labourent bien, surtout lorsque la terre est sèche. Il y a bien encore d'autres défauts, mais il nous paraît que ceux-là doivent être en première ligne ; car on achète des bœufs pour labourer, et s'ils sont atteints de quelqu'un de ces défauts, ils ne peuvent rien faire.

Quant aux chevaux ou mulets, on doit, si l'on veut acheter des élèves, s'informer très-exactement d'où ils viennent ; voir, autant que possible, le père et la mère, connaître l'espèce ; enfin, ne rien négliger pour acheter quelque chose de beau et de bonne qualité ; car le propriétaire qui achèterait des bêtes rabougries et de mauvaise espèce, y perdrait, au lieu d'y gagner. Il arrive quelquefois que ces petites bêtes mangent autant et plus qu'une autre ; et ce serait le cas de dire ici : Pour un petit, il ne faut pas moins de fourrage au ratelier. Qu'on achète donc des bêtes de bonne race, et de la belle espèce.

Quant aux vices des chevaux, ils sont si nombreux, qu'il faudrait en faire un traité particulier pour en donner tous les éclaircissemens désirables ; nous nous contenterons de signaler les plus principaux, qui ne sont pas rédhibitoires. L'essentiel est qu'un cheval ait de bonnes jambes et de bons yeux ; qu'il ait bon appétit, et qu'il marche bien ; pour les autres vices, (s'entend des plus marquans), la loi veille pour l'acheteur, mais il ne faut pas laisser passer les quarante jours, à partir du jour de l'achat.

Nous ne finirons pas de parler du bétail que l'on tient ordinairement à la métairie, sans dire, comme nous l'avons promis, quelque chose sur les brebis ou les moutons.

Quoique la majeure partie des propriétaires aient renoncé, depuis quelques temps, à tenir des troupeaux à leurs campagnes, cependant quelques-uns d'entr'eux, plus opiniâtres ou moins clair-voyans, persistent à les conserver, à moitié fruits, avec leurs métayers, ainsi que d'usage. Nous dirons d'abord à ces propriétaires, que si leurs métairies étaient suffisamment pourvues de dépaissance, de bois, de terres vagues, fougères, etc. etc., nul doute qu'ils ne fissent bien d'avoir un nombreux troupeau, et s'ils n'en tenaient point, nous serions les premiers à les y engager; car, nonobstant le grand bénéfice qu'il porte, surtout s'il est en entier sur le compte du maître, le fumier qu'on en retire est, sous tous les rapports, inappréciable. Mais ceux qui n'ont pas un seul pouce de terrain pour sortir ces bêtes, nous ne pouvons absolument nous ranger de leur parti, et surtout pour ceux qui tiennent des troupeaux pendant tout l'hiver; alors, et lorsque la neige couvrira, pendant

deux ou trois mois, la surface de la terre,
ou qu'elle sera glacée d'un pam d'épaisseur,
que fera-t-on pour nourrir ces troupeaux?
a-t-on le secret de faire vivre ces petites
bêtes sans manger, ou bien leur restreint-on
beaucoup leur nourriture? Nous croyons
qu'on ne fait ni l'un, ni l'autre; qu'au
contraire, on leur donne le meilleur fourrage, et autant qu'elles peuvent en manger.
On aurait beau nous prêcher qu'on ne leur
donne que de paille, que nous n'en persis-
terions pas moins à soutenir le contraire.
Et comment peut-on croire qu'il en soit
autrement? Des bêtes qui, la plupart, viennent de mettre bas, peuvent-elles, par un
temps rigoureux, ne vivre que de paille?
Impossible! le troupeau serait bientôt détruit.
Mais, dira-t-on, toutes les années ne se res-
semblent pas, et nous avons vu parfois des
hivers tellement doux, que l'on pouvait pro-
mener chaque jour nos brebis dans les
champs. Soit; mais que peuvent manger
ces brebis au fort de l'hiver? Rien, ou presque rien; ces sorties leur conservent seulement la santé, et leur donnent encore
plus d'appétit pour dévorer le fourrage, et
ce qui est pire, leur fait pétrir la terre, et

la gâter pour long-temps! Et d'après tout ce que nous prouvons, on s'obstine encore à garder des troupeaux à moitié fruits; mais a-t-on bien compté le profit qu'on en retire? et si on l'a fait bien exactement, l'a-t-on comparé au préjudice que ces bêtes portent au maître? Et qu'on remarque si les bœufs d'une métairie où l'on tient un troupeau, ne sont presque pas toujours maigres et atténués; et pense-t-on que le maître qui est forcé d'acheter très-souvent de bœufs, n'ait pas bientôt employé le petit profit du troupeau? Qu'on ne s'y trompe pas, les brebis ne portent du profit qu'au maître-valet, et ne sont qu'une véritable lèpre pour le maître!...

La nécessité de faire beaucoup de fumier est connue depuis bien long-temps; tout le monde en voudrait beaucoup, mais peu de personnes cherchent les moyens pour y parvenir; chacun s'arrête et suit la marche des anciens, qui était le *statu quo*, et la métairie porte ce qu'elle peut. Nous qui avons flairé et l'ancien et le moderne, nous avouons que celui-ci nous pousse vivement vers le progrès; et quoi que nous fassions pour ne pas déserter notre compagnie, nous sommes forcés de marcher en avant, si nous voulons éviter qu'on nous passe dessus. Marchons donc, mais que ce soit toujours d'un pas tranquille et modéré. Revenant sur le fumier qu'on doit faire, nous disons que pour en faire beaucoup, il faudrait d'abord acheter, chaque année, quelques charretées de paille; et ce serait bien peu de chose, lorsqu'un propriétaire d'une métairie de quatre paires de l'abourage n'en acheterait tous les ans que pour 200 fr. Et qu'on ne croie pas que ce soit pour toujours, car, au bout de neuf années, la métairie en porterait assez d'elle-même; ce ne serait donc que pour la mettre en bon état. Ensuite, au lieu de laisser brûler par les maîtres-valets les pailles du millet, on doit, au contraire, les faire pourrir pour de fumier; puis on achète, pendant le courant de toute l'année, du crotin de cheval, bœufs, cochons, etc., ayant toutefois le soin de les passer par les étables. Avec 100 fr. on peut en acheter 400 comportes combles; on cherche encore, sur le domaine, si l'on peut découvrir de marne, ou quelque terre approchante, et si l'on en trouve, on essaie d'en porter quelque peu sur plusieurs qualités de terre, pour connaître si elle se fait mieux sentir.

On voit grand nombre de campagnes où la volaille, oies, canards, dindons, cochons, fourmillent ; aussi voit-on un ravage épouvantable, et le maître paie bien cher tous ces volatils ; car nous osons avancer, sans crainte de nous tromper, qu'avec les récoltes qu'il perd, il en acheterait le double ; et ne compte-t-on pour rien l'infection que ces bêtes portent, soit au dedans, soit aux alentours de la métairie ? Ne sait-on pas que cela porte un très-grand préjudice aux bœufs, que cette mauvaise odeur leur ôte quelquefois entièrement l'appétit, qu'ils ne veulent plus boire d'une eau corrompue par les excrémens des oies et canards, et qu'enfin si on perd un bœuf, on perd beaucoup plus que la valeur de toutes ces vilenies ?.... Nous savons pourtant que certains propriétaires ne tiennent ce grand nombre de petites bêtes, que parce que cela fait plaisir à leurs dames. Jusque là rien de mieux ; mais si ces dames voulaient prendre la peine de jeter un simple coup d'œil sur les récoltes, sur la terrible souffrance des cabaux, enfin sur la mortalité plus ou moins forte d'iceux, au lieu d'être rayonnantes de joie lorsque la métayère leur porte quelque poule ou quelque canard , nous sommes certains que, se rappelant de suite ce triste tableau, elles leur diraient qu'on ne veut plus tenir de ces hydres pestiférés ; qu'à l'avenir on ne tiendrait tout simplement que deux poules par paire , et un seul coq; que ces mêmes poules seront enfermées lorsque les blés sur pied seront mûrs ; qu'on ne tiendra qu'un seul cochon, qui ne sortira jamais dans les champs , et finalement , qu'on n'aurait qu'une paire de pigeons à tenir par paire de bœufs.

Nous ne finirons pas ce petit ouvrage, sans dire quelques mots sur les mauvais procédés de quelques maîtres envers leurs métayers et moissonneurs. Il en est qui, le plus souvent, ne tiennent pas les conventions qu'ils ont faites; d'autres qui sont toujours prêts à gronder les gens qui les servent, surtout lorsqu'il faut leur payer ce qu'ils ont gagné à la sueur de leur front. Ils cherchent mille détours , et trouvent mille prétextes pour leur rogner quelque peu d'argent de leurs journées. D'autres se font un plaisir, et même une gloire, de mener ces pauvres gens comme de véritables chiens , et les épithètes les plus mordantes ne sont pas ménagées ; d'autres, enfin, ont la cruauté et la bassesse de battre ces pauvres misérables !... Nous demanderons à ces divers propriétaires, eux qui sont si faux et si durs, s'ils pourraient supporter, étant pour un moment à la place de ces gens, la millième partie de ces mauvais traitemens. Ils vont tous répondre, que s'ils étaient à leur place, ils serviraient mieux leur maître qu'ils ne font. Mais vous qui êtes maître, vous ne tenez jamais votre parole sur les conventions que vous faites ; vous donnez des purges mouillées, en paiement des gages de blé ; vous retranchez chaque année un peu de terre de millet à vos travailleurs ; vous avez des discussions toutes les fois qu'il vous faut payer les journées, et si vous n'en pouvez escamoter quelques-unes, vous les rognez ; enfin, vous les accablez d'injures, de menaces et de coups, sans raison aucune ; et vous avez la hardiesse de venir nous dire que si vous étiez métayer ou moissonneur, vous feriez beaucoup mieux que les autres ? Nous disons, nous, que puisque vous ne faites pas bien étant maître, vous feriez encore plus mal si vous étiez valet. Changez donc de système, et réfléchisssez bien à la triste position du malheureux brassier ; et quand bien même il commettrait quelque petite faute, soyez indulgent envers lui ; sa misère doit nécessairement vous inspirer la pitié !...

FIN.